实时大数据分析——基于Storm、Spark技术的实时应用

[美] Sumit Gupta

Shilpi Saxena 著

张广骏 译

清华大学出版社

北 京

内 容 简 介

本书详细阐述了实时大数据分析的实现过程，主要包括大数据技术前景及分析平台，Storm 的熟悉，用 Storm 处理数据，Trident 概述和 Storm 性能优化，Kinesis 的熟悉，Spark 的熟悉，使用 RDD 编程，Spark 的 SQL 查询引擎，用 Spark Streaming 分析流数据以及 Lambda 架构等内容。此外，本书还提供了相应的示例、代码，以帮助读者进一步理解相关方案的实现过程。

本书适合作为高等院校计算机及相关专业的教材和教学参考书，也可作为相关开发人员的自学教材和参考手册。

Copyright © Packt Publishing 2016. First published in the English language under the title
Real-Time Big Data Analytics.
Simplified Chinese-language edition © 2018 by Tsinghua University Press. All rights reserved.

本书中文简体字版由 Packt Publishing 授权清华大学出版社独家出版。未经出版者书面许可，不得以任何方式复制或抄袭本书内容。

北京市版权局著作权合同登记号 图字：01-2017-7944

本书封面贴有清华大学出版社防伪标签，无标签者不得销售。
版权所有，侵权必究。举报：010-62782989，beiqinquan@tup.tsinghua.edu.cn。

图书在版编目（CIP）数据

实时大数据分析：基于 Storm、Spark 技术的实时应用 /（美）萨米特·古普塔，（美）希尔皮·萨克塞纳著；张广骏译. —北京：清华大学出版社，2018 (2025.1重印)
书名原文：Real-Time Big Data Analytics
ISBN 978-7-302-47728-0

Ⅰ. ①实… Ⅱ. ①萨… ②希… ③张… Ⅲ. ①数据处理软件 Ⅳ. ①TP274

中国版本图书馆 CIP 数据核字（2017）第 166833 号

责任编辑：贾小红
封面设计：刘 超
版式设计：李会影
责任校对：赵丽杰
责任印制：曹婉颖

出版发行：清华大学出版社
网　　址：https://www.tup.com.cn，https://www.wqxuetang.com
地　　址：北京清华大学学研大厦 A 座　　邮　编：100084
社 总 机：010-83470000　　邮　购：010-62786544
投稿与读者服务：010-62776969，c-service@tup.tsinghua.edu.cn
质 量 反 馈：010-62772015，zhiliang@tup.tsinghua.edu.cn

印 装 者：三河市龙大印装有限公司
经　　销：全国新华书店
开　　本：185mm×230mm　　印　张：16.25　　字　数：333 千字
版　　次：2018 年 1 月第 1 版　　印　次：2025 年 1 月第 8 次印刷
定　　价：79.00 元

产品编号：073176-01

译 者 序

大数据是业内热门的话题，大数据存储后如何做好实时处理是重要的技术焦点。作为当前最受关注的实时大数据开源平台项目，Storm 和 Spark 都能为广大潜在用户提供良好的实时大数据处理功能。除在功能方面的部分交集外，Storm、Spark 还各自拥有独特的特性与市场定位。根据业务应用需求选用恰当的技术平台是大数据应用成功的关键，本书既涵盖了不同实时数据处理框架和技术的基础知识，又论述了大数据批量及实时处理的差异化细节，还深入探讨了使用 Storm、Spark 进行大数据处理的技术和程序设计概念。

本书以丰富的应用场景及范例说明如何利用 Storm 进行实时大数据分析，既涉及了 Storm 的组件及关键概念内部实现的基础，又整合了 Kafka 来处理实时事务性数据，还探讨了 Storm 微小批处理抽象延伸的 Trident 框架和性能优化。此外，包括了使用 Kinesis 服务在亚马逊云上处理流数据的内容。本书后半部分着重介绍了如何利用 Spark 为实时和批量分析开发通用型的企业架构和应用，既可通过 RDD 编程轻松实现数据转换和保存操作，亦介绍了 Spark SQL 访问数据库的实践案例，还扩展了 Spark Streaming 来分析流数据，最后利用 Spark Streaming 和 Spark 批处理等实现了实时批处理兼顾的 Lambda 架构。

本书既包含了易于上手的逐步详细技术指引，也提供了深入浅出的丰富实践范例，学习时要求读者最好拥有 Java 或 Scala 语言的编程经验和 Hadoop 等大数据计算平台的基础知识。

在本书的翻译过程中，除张广骏之外，潘玉兰、张华锋、朱仁杰、潘玉芳、张广容、陈长滨、张广芮、白宸蚩等人也参与了翻译工作，在此一并表示感谢。

译 者

前 言

对于现代企业而言，处理过去 10~20 年的历史数据并进行分析以获得提升业务的洞见是当今最为热门的用例。

企业过去曾执迷于数据仓库的开发。通过这些数据仓库，企业努力从每个可能的数据源获取数据并存储下来，再利用各种商业智能工具对数据仓库中存储的数据进行分析。但是开发数据仓库是一个复杂、耗时和大开销的过程，需要相当程度的资金和时间投入。

Hadoop 及其生态系统的涌现无疑为海量大数据问题的处理提供了一种新的方法或架构，通过这种低成本、可伸缩的解决方案，过去需要数天时间处理的成 TB 数据将在几小时内被处理完毕。尽管有着这样的优势，在其他一些需要实时或准实时（如亚秒级服务等级协议 SLA）执行分析及获得业务洞见的应用场景中，Hadoop 还是面临着批处理性能方面的挑战。这类应用需求可称为实时分析（RTA）或准实时分析（NRTA），有时又被称为"快数据"，后者意味着做出准实时决策的能力，即要在有限的商务决策时间内提供卓有成效的数据支持。

为应对这些企业实时数据分析的应用场景，出现了一些高性能、易于使用的开源平台。Apache Storm 和 Apache Spark 是其中最为引人注目的代表性平台，能够为广大相关用户提供实时数据处理和分析功能。这两个项目都归属于 Apache 软件基金会。尽管有部分功能重叠，这两个工具平台仍保持着各自的特色和不同功能。

考虑到以上的大数据技术背景，本书结合实际用例介绍了应用 Apache Storm 和 Apache Spark 进行实时大数据分析的实现过程，为读者提供了快速设计、应用和部署实时分析所需的技术。

本书内容

第 1 章"大数据技术前景及分析平台"奠定了全书的知识背景，主要包括大数据前景的综述、大数据平台上采用的各种数据处理方法、进行数据分析所用的各种平台。本章也介绍了实时或准实时批量分布式处理海量数据的范式。此外，还涉及处理高速/高频数据读写任务的分布式数据库。

第 2 章"熟悉 Storm"介绍了实时/准实时数据处理框架 Apache Storm 的概念、架构及编程方法。这里涉及多种 Storm 的基本概念，诸如数据源（spouts）、数据流处理组件（bolts）、并行度（parallelism）等。本章还以丰富的应用场景及范例说明如何利用 Storm 进行实时大数据分析。

第 3 章"用 Storm 处理数据"着重于介绍 Apache Storm 中用于处理实时或准实时数据流的内部操作，如过滤（filters）、连接（joins）、聚合（aggregators）等。这里展示了 Storm 对 Apache Kafka、网络通信接口、文件系统等多种输入数据源的集成，最后利用 Storm JDBC 框架将处理过的数据保存起来。本章还提到 Storm 中多种企业关注的数据流处理环节，诸如可靠性、消息获取等。

第 4 章"Trident 概述和 Storm 性能优化"验证了实时或准实时事务数据的处理。这里介绍了实时处理框架 Trident，它主要用于处理事务数据。在此提到使用 Trident 处理事务应用场景的几种架构。这一章还提到多种概念和可用参数，进而探讨了它们对 Storm 框架与其任务的监测、优化以及性能调整诸方面的可用性。本章还涉及 LMAX、环形缓冲区、ZeroMQ 等 Storm 内部技术。

第 5 章"熟悉 Kinesis"提到了在云上可用的实时数据处理技术 Kinesis，此技术是亚马逊云计算平台 AWS 中的实时数据处理服务。这里先说明了 Kinesis 的架构和组成部分，接着用一个端到端的实时报警发生范例阐明了 Kinesis 的用法，其中使用到 KCL、KPL 等客户端库。

第 6 章"熟悉 Spark"介绍了 Apache Spark 的基础知识，其中包括 Spark 程序的高级架构和构建模块。这里先从 Spark 的纵览开始，接着提到了 Spark 在各种批处理和实时用户场景中的应用情况。这一章还深入讲到 Spark 的高级架构和各种组件。在本章的最后部分讨论了 Spark 集群的安装、配置以及第一个 Spark 任务的执行实现。

第 7 章"使用 RDD 编程"对 Spark RDD 进行了代码级的预排。这里说明了 RDD API 提供的各种编程操作支持，以便于使用者轻松实现数据转换和保存操作。在此还阐明了 Spark 对如 Apache Cassandra 这样的 NoSQL 数据库的集成。

第 8 章"Spark 的 SQL 查询引擎——Spark SQL"介绍了 Spark SQL，这是一个和 Spark 协同工作的 SQL 风格的编程接口，可以帮助读者将 Parquet 或 Hive 这样的数据集快速应用到工作中，并支持通过 DataFrame 或原始 SQL 语句构建查询。本章同时推荐了一些 Spark 数据库的最佳实践案例。

第 9 章"用 Spark Streaming 分析流数据"介绍了 Spark 的又一个扩展工具 Spark Streaming，用于抓取和处理实时或准实时的流数据。这里顺承着 Spark 架构简明扼要地描述了 Spark Streaming 中用于数据加载、转换、持久化等操作的各种应用编程接口。为达成实时查询数据，本章将 Spark SQL 和 Spark Streaming 进行了深入集成。本章最后讨论了 Spark Streaming 任务部署和监测等方面的内容。

第 10 章"介绍 Lambda 架构"引领读者认识了新兴的 Lambda 架构，这个架构可以将实时和预计算的批量数据结合起来组成一个混合型的大数据处理平台，从其中获得对数据的准实时理解。本章采用了 Apache Spark 并讨论了 Lambda 架构在实际应用场景中的实现。

本书阅读基础

本书的读者最好拥有 Java 或 Scala 语言的编程经验，对 Apache Hadoop 等代表性分布式计算平台的基础知识亦有一定了解。

本书适用读者

本书主要面向应用开源技术进行实时分析应用和框架开发的大数据架构师、开发者及程序员群体。这些有实力的开发者阅读本书时可以运用 Java 或 Scala 语言的功底来进行高效的核心要素和应用编程实现。

本书会帮助读者直面不少大数据方面的难点及挑战。书里不但包括应用于实时/准实时流数据及高频采集数据处理分析的大量工具和技术，而且涵盖了 Apache Storm、Apache Spark、Kinesis 等各种工具和技术的内存分布式计算范式。

本书约定

本书应用了一些文本格式以区分不同类型的信息。以下是这些文本格式范例和含义说明。

文中的代码、数据库表名称、文件目录名称、文件名、文件扩展名、路径名、伪 URL、用户输入以及推特用户定位采用如下方式表示：

"The PATH variable should have the path to Python installation on your machine."

代码块则通过下列方式设置：

```
public class Count implements CombinerAggregator {
    @Override
    public Long init(TridentTuple tuple) {
        return 1L;
    }
}
```

命令行输入和输出的显示方式如下所示：

```
> bin/kafka-console-producer.sh --broker-list localhost:9092 --topic test
```

图标表示警告提醒或重要的概念。

图标表示提示或相关操作技巧。

读者反馈

欢迎读者对本书反馈意见或建议，以便于我们进一步了解读者的阅读喜好。反馈意见对于我们十分重要，便于我方日后工作的改进。

读者可将这些反馈内容发送邮件到 feedback@packtpub.com，建议以书名作为邮件标题。

若读者针对某项技术具有专家级的见解，抑或计划撰写书籍或完善某部著作的出版工作，则可阅读 www.packtpub.com/authors 中的 author guide 一栏。

客户支持

感谢您购买本社出版图书，我们将竭诚对每一名读者提供周到的客户服务支持。

示例源码下载

读者可访问 http://www.packtpub.com 登录您的账户下载本书中的示例代码文件。无论以何种方式购买本书，都可以访问 http://www.packtpub.com/support，注册后相关文件会以电子邮件方式直接发送给您。

读者还可经由以下步骤下载源码文件：

（1）通过电子邮件加密码方式注册登录我们的网站。
（2）用鼠标切换上方的 Support（支持）标签页面。
（3）单击 Code Downloads & Errata（源码下载和勘误表）。
（4）在搜索框输入书名。
（5）在搜索结果列表中选择希望下载源码的图书项。
（6）在所购图书的下拉菜单中进行选择。
（7）单击 Code Download（源码下载）菜单。

文件下载到本地计算机之后，请使用下列软件的最新版本将文件内容解压到文件夹：

- Windows 操作系统下的 WinRAR 或 7-Zip 软件
- Mac 操作系统下的 Zipge 或 iZip 或 UnRarX 软件
- Linux 操作系统下的 7-Zip 或 Peazip 软件

勘误表

尽管我们努力争取做到尽善尽美，书中错误依然在所难免。如果读者发现谬误之处，无论是文字错误抑或是代码错误，都欢迎您不吝赐教。对于其他读者以及本书的再版工作，这将具有十分重要的意义。对此，读者可访问 http://www.packtpub.com/submit-errata，选取对应书籍，单击 Errata Submission Form 链接，并输入相关问题的详细内容。经确认后，输入内容将被提交至网站，或添加至现有勘误表中（位于该书籍的 Errata 部分）。

另外，读者还可访问 http://www.packtpub.com/books/content/support 查看之前的勘误表。在搜索框中输入书名后，所需信息将显示于 Errata 项中。

版权须知

一直以来，互联网上所有媒体的版权问题从未间断，Packt出版社对此类问题异常重视。若读者在互联网上发现本书任何形式的非法副本，请及时告知网络地址或网站名称，我们将对此予以处理。

对于可疑的盗版资料链接，读者可将其通过邮件发送至 copyright@packtpub.com。

衷心感谢读者们对作者的爱护，这也有利于我们日后提供更为精彩的作品。

问题解答

若读者对本书有任何疑问，欢迎发送邮件至 questions@packtpub.com，我们将竭诚为您提供优质服务。

目 录

第1章 大数据技术前景及分析平台 ... 1
1.1 大数据的概念 ... 1
1.2 大数据的维度范式 ... 2
1.3 大数据生态系统 ... 3
1.4 大数据基础设施 ... 4
1.5 大数据生态系统组件 ... 5
1.5.1 构建业务解决方案 ... 8
1.5.2 数据集处理 ... 8
1.5.3 解决方案实施 ... 8
1.5.4 呈现 ... 9
1.6 分布式批处理 ... 9
1.7 分布式数据库（NoSQL） ... 13
1.7.1 NoSQL 数据库的优势 ... 15
1.7.2 选择 NoSQL 数据库 ... 16
1.8 实时处理 ... 16
1.8.1 电信或移动通信场景 ... 17
1.8.2 运输和物流 ... 17
1.8.3 互联的车辆 ... 18
1.8.4 金融部门 ... 18
1.9 本章小结 ... 18

第2章 熟悉 Storm ... 19
2.1 Storm 概述 ... 19
2.2 Storm 的发展 ... 20
2.3 Storm 的抽象概念 ... 22
2.3.1 流 ... 22
2.3.2 拓扑 ... 22
2.3.3 Spout ... 23

		2.3.4 Bolt 23
		2.3.5 任务 24
		2.3.6 工作者 25

- 2.4 Storm 的架构及其组件 25
  - 2.4.1 Zookeeper 集群 25
  - 2.4.2 Storm 集群 25
- 2.5 如何以及何时使用 Storm 27
- 2.6 Storm 的内部特性 32
  - 2.6.1 Storm 的并行性 32
  - 2.6.2 Storm 的内部消息处理 34
- 2.7 本章小结 36

第 3 章 用 Storm 处理数据 37

- 3.1 Storm 输入数据源 37
- 3.2 认识 Kafka 38
  - 3.2.1 关于 Kafka 的更多知识 39
  - 3.2.2 Storm 的其他输入数据源 43
  - 3.2.3 Kafka 作为输入数据源 46
- 3.3 数据处理的可靠性 47
  - 3.3.1 锚定的概念和可靠性 49
  - 3.3.2 Storm 的 acking 框架 51
- 3.4 Storm 的简单模式 52
  - 3.4.1 联结 52
  - 3.4.2 批处理 53
- 3.5 Storm 的持久性 53
- 3.6 本章小结 58

第 4 章 Trident 概述和 Storm 性能优化 59

- 4.1 使用 Trident 59
  - 4.1.1 事务 60
  - 4.1.2 Trident 拓扑 60
  - 4.1.3 Trident 操作 61
- 4.2 理解 LMAX 65

| 4.2.1　内存和缓存 66
| 4.2.2　环形缓冲区——粉碎器的心脏 69
| 4.3　Storm 的节点间通信 72
| 4.3.1　ZeroMQ 73
| 4.3.2　Storm 的 ZeroMQ 配置 74
| 4.3.3　Netty 74
| 4.4　理解 Storm UI 75
| 4.4.1　Storm UI 登录页面 75
| 4.4.2　拓扑首页 78
| 4.5　优化 Storm 性能 80
| 4.6　本章小结 83

第 5 章　熟悉 Kinesis 84
| 5.1　Kinesis 架构概述 84
| 5.1.1　Amazon Kinesis 的优势和用例 84
| 5.1.2　高级体系结构 86
| 5.1.3　Kinesis 的组件 87
| 5.2　创建 Kinesis 流服务 90
| 5.2.1　访问 AWS 90
| 5.2.2　配置开发环境 91
| 5.2.3　创建 Kinesis 流 93
| 5.2.4　创建 Kinesis 流生产者 97
| 5.2.5　创建 Kinesis 流消费者 102
| 5.2.6　产生和消耗犯罪警报 102
| 5.3　本章小结 105

第 6 章　熟悉 Spark 106
| 6.1　Spark 概述 107
| 6.1.1　批量数据处理 107
| 6.1.2　实时数据处理 108
| 6.1.3　一站式解决方案 Apache Spark 110
| 6.1.4　何时应用 Spark——实际用例 112
| 6.2　Spark 的架构 114

	6.2.1 高级架构	114
	6.2.2 Spark 扩展/库	116
	6.2.3 Spark 的封装结构和 API	117
	6.2.4 Spark 的执行模型——主管-工作者视图	119
6.3	弹性分布式数据集（RDD）	122
6.4	编写执行第一个 Spark 程序	124
	6.4.1 硬件需求	125
	6.4.2 基本软件安装	125
	6.4.3 配置 Spark 集群	127
	6.4.4 用 Scala 编写 Spark 作业	129
	6.4.5 用 Java 编写 Spark 作业	132
6.5	故障排除提示和技巧	133
	6.5.1 Spark 所用的端口数目	134
	6.5.2 类路径问题——类未找到异常	134
	6.5.3 其他常见异常	134
6.6	本章小结	135

第 7 章 使用 RDD 编程 136

7.1	理解 Spark 转换及操作	136
	7.1.1 RDD API	137
	7.1.2 RDD 转换操作	139
	7.1.3 RDD 功能操作	141
7.2	编程 Spark 转换及操作	142
7.3	Spark 中的持久性	157
7.4	本章小结	159

第 8 章 Spark 的 SQL 查询引擎——Spark SQL 160

8.1	Spark SQL 的体系结构	161
	8.1.1 Spark SQL 的出现	161
	8.1.2 Spark SQL 的组件	162
	8.1.3 Catalyst Optimizer	164
	8.1.4 SQL/Hive context	165
8.2	编写第一个 Spark SQL 作业	166

8.2.1 用 Scala 编写 Spark SQL 作业 166
8.2.2 用 Java 编写 Spark SQL 作业 170
8.3 将 RDD 转换为 DataFrame 173
8.3.1 自动化过程 174
8.3.2 手动过程 176
8.4 使用 Parquet 179
8.4.1 在 HDFS 中持久化 Parquet 数据 182
8.4.2 数据分区和模式演化/合并 185
8.5 Hive 表的集成 186
8.6 性能调优和最佳实践 190
8.6.1 分区和并行性 191
8.6.2 序列化 191
8.6.3 缓存 192
8.6.4 内存调优 192
8.7 本章小结 194

第 9 章 用 Spark Streaming 分析流数据 195
9.1 高级架构 195
9.1.1 Spark Streaming 的组件 196
9.1.2 Spark Streaming 的封装结构 198
9.2 编写第一个 Spark Streaming 作业 200
9.2.1 创建流生成器 201
9.2.2 用 Scala 编写 Spark Streaming 作业 202
9.2.3 用 Java 编写 Spark Streaming 作业 205
9.2.4 执行 Spark Streaming 作业 207
9.3 实时查询流数据 209
9.3.1 作业的高级架构 209
9.3.2 编写 Crime 生产者 210
9.3.3 编写 Stream 消费者和转换器 212
9.3.4 执行 SQL Streaming Crime 分析器 214
9.4 部署和监测 216
9.4.1 用于 Spark Streaming 的集群管理器 216
9.4.2 监测 Spark Streaming 应用程序 218

9.5 本章小结 219

第10章 介绍Lambda架构 220
 10.1 什么是Lambda架构 220
  10.1.1 Lambda架构的需求 220
  10.1.2 Lambda架构的层/组件 222
 10.2 Lambda架构的技术矩阵 226
 10.3 Lambda架构的实现 228
  10.3.1 高级架构 229
  10.3.2 配置Apache Cassandra和Spark 230
  10.3.3 编写自定义生产者程序 233
  10.3.4 编写实时层代码 235
  10.3.5 编写批处理层代码 238
  10.3.6 编写服务层代码 239
  10.3.7 执行所有层代码 241
 10.4 本章小结 243

第 1 章 大数据技术前景及分析平台

大数据在突飞猛进的发展中已成为下一代数据存储、管理和分析方面最强大的计算范式。IT 巨头们实际上都已接纳了这种变化，而且格外重视大数据技术在业务中的应用。

代表性的数据存储和分布式处理平台 Hadoop 已然成熟并在应用中继续改进提升。目前不仅可以从大数据全局视野了解各种工具，还可以从大数据空间各个具体角度来审视特定技术的应用效果。

读者可以通过本章来熟悉大数据技术前景及分析平台。首先介绍了大数据的基础框架、处理模块组件及未来的发展。接着讨论了大数据近实时分析的需求及应用场景。

如下内容有助于理解大数据技术前景：
- 大数据基础框架
- 大数据生态系统的组件
- 分析框架
- 分布式批处理
- 分布式数据库（NoSQL）
- 实时数据处理及流数据处理

1.1 大数据的概念

大数据并不是一个突如其来的时兴科技词语，而是在厚积薄发中不断演变，时机到来时一下变得广为人知。传统数据库和数据仓库的统治地位本来看上去牢不可破，随着 Hadoop 等大数据技术的日趋成熟，这种情况到了终结的时候。

如今，在社会和经济的各个方面都会接触到海量的数据信息。举凡像生产制造、汽车、金融、能源、日用品、交通运输、安保、信息技术及网络等工业中都已积累大量行业数据信息，并且新数据还在源源不断地产生。大数据作为一种学科（抑或领域、概念、理论、思想）出现，通过对海量数据的存储、处理、分析获取智能见解，使得信息化及自动计算决策成为可能。这些决策全方位促进了经济领域的推广、增长、规划和预测等应用，这也是大数据像风暴一样席卷全世界的原因。

纵观信息技术产业的发展趋势，人们经历了从手工计算到自动计算应用再到企业级计算应用的各种时代。企业级应用阶段催生出了诸如 SaaS（软件即服务）和 PaaS（平台即服务）的云计算架构风格。如今已进入海量数据的时代，需要以高性价比的方式来处理和分析数据。开放源码因其降低软件许可费用、数据存储和计算开销而大受欢迎，于各方面的应用为驾驭数据提供了有利可图又经济有效的支持手段。因为能够以不可思议的速度处理海量数据并产生智能化见解，大数据被看作是低成本、可扩展、可用性高且可靠的解决方案。

1.2 大数据的维度范式

起初大数据被简化概括为三个维度：大量（volume）、高速（velocity）和多样（variety）。后来，将精确（veracity）和价值（value）两个维度补充进来，形成如下的五维范式。

- ❑ 大量：这一维度指数据的数量。环顾四周，每一秒钟都有大量数据产生，这些数据既可能是用户发送的电子邮件，也可能是推特（Twitter）、脸书（Facebook）或其他社交媒体中的信息，还可能是来自各种设备及传感器的视频、图片、手机短信、通话记录及其他数据。对于数据的计量从 TB 级（terabytes，万亿字节）上升到 ZB 级（zettabytes，十万亿亿字节），乃至于 NB 级（nonabytes，一百万亿亿亿字节）这样趋近天文数字的量级。在脸书网站上每天约有 100 亿条信息，所有用户间的信息重复后仍接近每天 50 亿条信息，并且每天还有 4 亿图片类文件上传。可统计的数据量令人吃惊。有史以来积累到 2008 年的所有数据量，与现今一天产生的数据量相当，可以预计在不久的将来，一小时就会有如此的数据量。仅从数据量维度来看，传统的数据库已无法在时效期间合理存储和处理这些海量数据，于是大数据堆栈技术脱颖而出，因为它能用高性价比、分布式并且可靠有效的方式来存储、处理和计算这些数量惊人的数据。
- ❑ 高速：这一维度是指数据的产生速度。如今海量数据如波涛汹涌而来，在这种情况下，数据产生速度也不落下风。正是由于数据产生速度非常快才积累了巨量数据。社会媒体的事件信息常在几秒间以类似病毒的方式扩散，而股票交易者们要在毫秒级的时间内从这些社会媒体中分析出有用的信息以及时进行大量的股票买入/卖出操作。在零售业的终端设备上，几秒钟内就可以完成信用卡刷卡、欺诈交易辨识处理、支付、记账和通知一系列操作。大数据技术提供了以极快速度来处理数据的能力。

- 多样：这一维度代表数据可以被非结构化处理的现实情况。在传统数据库时乃至更早的时期，我们已习惯于表格中匹配好非常整齐的结构数据。不过如今像照片、视频、剪辑、社会媒体更新、来自各种传感器的数据、语音记录及聊天对话等这样一些超过80%的数据都是非结构化的。大数据技术可以让用户以非常结构化的方式存储和处理非结构化数据，很好地发挥了多样性的作用。
- 精：这一维度指数据的合理性和正确率。数据究竟有多精确？其可用程度如何？在百万乃至近乎无限量级的数据记录里并非所有数据都是校正过的、精确的及可做参考的。于是精确性实际上用来衡量数据的可信程度以及数据的质量。以脸书和推特的数据为例，这两家网站上贴出的信息都存在着非标准缩略和拼写错误。大数据技术能够对上述类型的数据进行表格化分析处理。对于数据，重要前提之一就是精确性。
- 价值：正如名称所表达的，这一维度指数据实际具有的价值。无疑这是大数据最重要的一个维度。业界纷纷转向处理超大量数据集的大数据技术的唯一动机是渴望从中获取到有价值的观点，因为归根到底这都关乎成本和利润。

1.3 大数据生态系统

对于初学者来说，大数据前景非常令人困惑。这不但涉及广阔的技术领域，而且同各种各样的应用场景有关。不存在一种简单明了的直接解决方案，相反，每种用户场景都需要一种自定义解决方案。大数据的这种技术栈多样和标准缺乏的特点增加了开发者的困难。好在有多种技术可从这种大量级的数据中获取有意义的观点。

从基本要求来看，创建任何数据分析应用的环境都应该包含如下几部分：
- 存储数据
- 充实或处理数据
- 数据分析和可视化

再深入一些来看，目前存在着一些专门的大数据工具和技术：像 Talend 和 Pentaho 这样的数据提取转换和加载（ETL）工具；像 Hive 和 MapReduce 这样的大批量处理工具；像 Storm、Spark 这样的实时处理工具，等等。根据福布斯网的信息，大数据前景如图 1.1 所示。

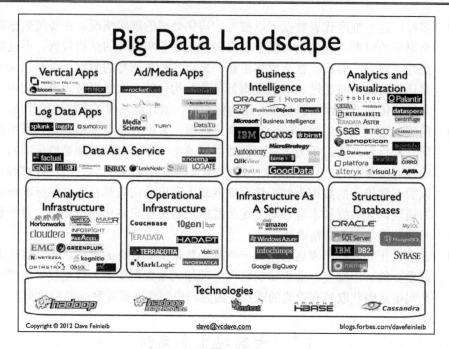

图 1.1

图 1.1 清楚地展示了大数据领域所涵盖的内容：
- Hadoop 和 NoSQL 这样的平台
- HDP、CDH、EMC、Greenplum、DataStax 等分析工具
- Teradata、VoltDB、MarkLogic 等基础设施
- AWS、Azure 等基础设施即服务（IaaS）
- Oracle、SQL Server、DB2 等结构化数据库
- INRIX、LexisNexis、Factual 等数据即服务（DaaS）

除了上述各项，大数据领域还包括诸如商业智能（BI）、分析及可视化、广告及媒体、日志数据及纵向应用等面向特定问题范围的内容。

1.4 大数据基础设施

任何大数据技术栈的核心都是具备存储、处理及分析数据能力的技术。在标准化的关系数据存储取代原本基于文件的序列化存储之后，数据表和记录的技术流行了很长时间，这些技术在过去能很好地服务于企业需求。可随着如前所述大数据五个维度特征的

显现，以关系数据存储为主的处理企业需求的时代到了结束的时刻。

在其时代结束之际，我们仍可以看到，强大的 RDBMS（关系型数据库管理系统）工具一直在努力提供高性价比数据存储和处理。当需要低延迟处理海量数据时，在传统 RDBMS 基础上进行计算能力扩展需要花费高昂代价。这种情况促进了低成本、低延迟及低价或开源兼具高可扩展性等数据新技术的涌现。如今，可以通过拥有成千上万节点的 Hadoop 集群来吞吐和消化数千兆字节的数据。

Hadoop 的关键技术包括如下几方面。

- Hadoop：这一以黄色小象为标志的技术为数据存储和计算领域带来了惊喜。基于商业硬件，它以高度可靠且可扩展的方式来设计和开发了用于数据存储和计算的分布式框架。Hadoop 在集群中所有节点上以块为单位分发数据来开始工作，然后在所有节点上并发处理数据。Hadoop 中两个关键的移动组件是映射器（mapper）和缩减器（reducer）。
- NoSQL：这是 No-SQL 的缩写，实际上并非传统的结构化查询语言。基本上它是一个处理大量多结构化数据的工具，比如像广为人知的 HBase 和 Cassandra。与传统的数据库系统相区别的是，它们通常没有单独故障点并且是可扩展的。
- MPP（大规模并行处理的英文缩写）数据库：这些是能够以非常快的速度来处理数据的计算平台。其基本工作概念是将数据分成集群中不同节点中的块，然后并行处理使用数据。它们在数据分段和每个节点的并发处理方面与 Hadoop 类似。与 Hadoop 不同的是，MPP 数据库不在低端商业机器上执行，而在高内存、专用硬件上执行。MPP 数据库存储类似 SQL 接口的数据用于交互和检索，并且因为使用内存处理，一般都能更快地处理好数据。这意味着，与在磁盘级别操作的 Hadoop 不同，MPP 数据库将数据加载到内存中，并在集群中所有节点的内存集合上进行操作。

1.5 大数据生态系统组件

接下来的大数据之旅会涉及抽象的级别层次，以及有关各个级别层次的组件部分。图 1.2 描绘了大数据分析技术栈的一些常见组件及彼此的集成。需要注意的是，大多数情况下，HDFS / Hadoop 构成了大部分大数据中心应用程序的核心，但这不是可以推而广之的经验法则。

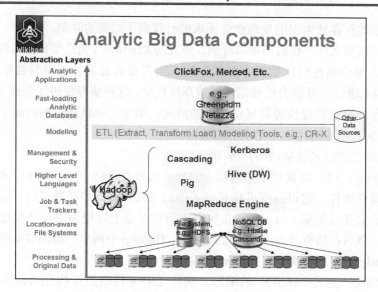

图 1.2

通常而言，大数据包括如下组件。

- 存储系统可以是以下之一。
  - HDFS（Hadoop 分布式文件系统的简称）是处理数据存储的存储层，即存储完成计算所需的元数据。
  - NoSQL 存储，可以是表式存储的 HBase，抑或是基于键值列的 Cassandra。
- 计算或逻辑层可以是以下之一。
  - MapReduce：由映射器（mapper）和缩减器（reducer）两个单独进程组合而成。首先执行的映射器获取原始数据集并将其转换为另一个键值数据结构。接着启动缩减器，以映射器作业创建的映射结果作为输入，将其整理收敛为较小的数据集。
  - Pig：这是另一个 Hadoop 顶层起处理作用的平台，既可与 MapReduce 结合使用，也可作为 MapReduce 的替代工具，是一种广泛用于创建处理组件的高级语言，这些处理组件被用于分析超大型数据集。其中一个关键点是 Pig 结构可按不同程度的并行性来进行调整。在其核心有一个编译器，可以将 Pig 脚本转换为 MapReduce 作业。

Pig 得到非常广泛的应用是因为：
  - 用 Pig Latin 编程简单易行。
  - 对作业的优化高效便利。

- ✓ 具有扩展性。
- ❏ 应用逻辑或交互可以是以下之一。
  - ➤ Hive：这是一个建立在 Hadoop 平台顶部的数据仓库层。简单说来，Hive 提供了一个非常类似 SQL 的交互工具，用这个工具可以处理和分析 Hive 查询到的 HDFS 数据。这使得从 RDBMS 世界向 Hadoop 的过渡更为容易。
  - ➤ Cascading：这是一个开放了数据处理 API 集合和其他组件的框架，可用来定义、共享和执行 Hadoop /大数据技术栈中的数据处理。基本上可将其看作 Hadoop 上一个抽象的 API 层。因为对开发、作业创建和作业调度的便利支持，在应用程序开发中 Cascading 被广泛采用。
- ❏ 专业分析数据库，如下。

  类似 Netezza 或 Greenplum 的数据库具有向外扩展的能力，并能够进行非常快速的数据摄取和刷新操作，这些被认可的操作能力正符合分析模型的强制性要求。

至此，已简要介绍过大数据技术栈和组件，接着按顺序介绍服务于分析应用的通用架构。

下面讨论参考图 1.3。

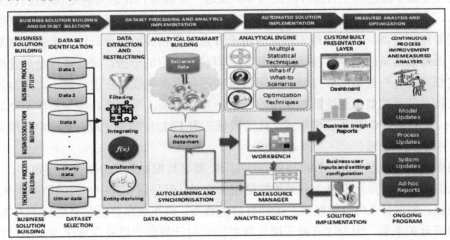

图 1.3

从图 1.3 可以看到，分析应用的工作流程包含 4 个步骤，每个步骤都有对应的设计和架构。

- ❏ 业务解决方案构建（数据集选择）

- 数据集处理（分析实施）
- 自动化解决方案
- 实测分析和优化

接着深入每个步骤细节来了解它们的工作原理。

1.5.1 构建业务解决方案

这是任何分析应用的第一步，也是最重要的步骤。在这一步骤里，有应用程序架构师和设计人员们来识别和决定分析所需的数据源，这些数据源将为应用程序提供输入数据。数据可能来自客户端数据集、第三方或某种静态/维度数据（例如地理坐标、邮政编码等）。在设计解决方案时，输入数据可以被分割成业务过程相关数据、业务解决方案相关数据或用于技术流程构建的数据。一旦数据集被识别，就可以开始下一步骤。

1.5.2 数据集处理

到目前为止，已了解到业务用例和与之相关的数据集。下面的步骤是数据获取和处理。这并非像字面上看上去那样轻而易举。在这一步骤里首先想到的是获取过程的应用，更深入、全面的架构是最终要创建一条 ETL（抽取转换加载的缩写）管道。在创建 ETL 期间需要进行过滤，使得处理工作仅应用于有意义且相关的数据。这一步骤非常重要。在这里通过数据量的减少可以保障对有意义/有价值数据的分析，进而兼顾处理速度和精确性这些方面。一旦数据被过滤，就可以继续进行数据集成，在这一步中，来自各种数据源的被过滤后的数据到达数据集市。再下一步是转换，将数据转换为实体驱动表单，如 Hive、JSON、POJO 等表格形式。此阶段标志着 ETL 步骤的完成。系统中获取到的数据已可用于实际处理。

根据用例和给定待分析数据集的持续时间，要将数据加载到分析数据集市中。例如，所登录的数据集市里可能包含有一年的信用卡交易，但只需要其中一天的数据用来分析。也就是说，集市登录时会接触到一年的有价值数据，但在集市分析时只用到一天的数据。这种隔离至关重要，因为这有助于确定所需的实时计算能力以及深度学习应用可以操作哪些数据。

1.5.3 解决方案实施

下面来实施解决方案的各个方面，并将其集成到适合的数据集市。有如下实施设计和架构。
- 分析引擎：在所到达的数据集市里执行各种批处理作业、统计查询或多维数据集，根据特定的索引与方差特征建立起映射和趋势联系。
- 仪表板/工作台：描述了若干关于某些 UX（用户体验的缩写）接口的近实时信息。这些组件通常在低延迟、接近实时的分析数据集市上操作。
- 自动学习同步机制：作为完善的高级分析应用，它捕获模式并逐步形成数据管理方法。举例来说，假如用户是风景区的移动运营商，很可能对白天和周末的资源利用倍加关注，这就需要及时了解到假期时段度假业务量激增的情况，因此可以将相关的规则学习和建立到数据集市里，并确保以分析便利的方式来存储和结构化这些数据。

1.5.4 呈现

实现了数据分析后，应用程序生命周期的下一个，并且是最重要的步骤，就是结果的呈现/可视化。根据最终业务用户的目标受众，可以使用定制的 UI 表示层、业务洞察报告、仪表板、图表、图形等来实现数据可视化。

从自动刷新 UI 小部件到固定报告，再到 ADO 查询，都可以有各种不同的呈现要求。

1.6 分布式批处理

先来理解有哪些不同种类的处理可应用于数据分析。可大略分为两类：
- 批量处理
- 顺序或内联处理

这两大类的关键区别在于，顺序处理基于每个元组工作，在元组中，会在数据生成或获取到系统中时处理数据事件。在批处理的情况下，数据处理被批量执行。这意味着元组/事件不会在生成或获取时被处理，而是按照固定大小的批量被处理。例如，将 100 张信用卡交易划分到各批量里，然后一起合并处理。

批处理系统有如下关键点：
- 批量的规模或批量的边界
- 批量化（开始批量和终止批量）
- 批量序列（取决于用例要求）

批量可以通过规模的多少来标识（可以是 x 个数的记录，例如 100 个记录的批量）。

这些批量可以更为多样化且按时间范围来划分，例如每小时批量、每日批量等。它们可以是动态的和数据驱动的，其中可以输入数据中的某种特定序列/模式作为批量划分的开始，而以另一个特定序列/模式作为批量划分的结束标志。

一旦批量边界划分好，所包含的数据记录集就可以通过添加报头/报尾来标记成批量，也可以用统一的数据结构等方式将批量标识符和数据记录集在一起打包封装。对于每一个已被创建和分派处理的批量，批处理逻辑还可以执行备案记录操作。

在某些特定用例中，需要维护数据记录或序列的顺序，这就需要批量序列化。在这些专门的用例场景中，批处理逻辑需要进行额外的处理操作来进行批量序列化，这种情况下对于同样的批量进行备案记录需格外小心。

现在已经明白什么是批处理，接下来将明确什么是分布式批处理。分布式批处理是一种计算范式，其中元组/记录按批量划分后被分发到拥有多个节点/处理单元的集群上进行处理。当每个节点都处理完所分配的批量后，节点处理结果被收集汇总后形成最终结果。在今天的应用程序编程中，我们习惯于大量数据的处理并要以惊人速度获得结果时，要满足这些需求已超出了单节点计算机器的能力。因此，需要庞大的计算集群支持。在计算机理论中，可以通过两种方式添加计算或存储能力（参见图1.4）。

❑ 通过为单个节点提升更高计算能力
❑ 通过扩充多个节点来执行任务

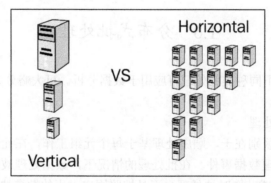

图1.4

垂直（Vertical）缩放是添加更多计算能力的代表性模式，比如向现有节点添加更多CPU或更多内存，或用更强大的机器替换现有节点。这种模式在一定程度上工作得不错。不过在客户需求超过单节点机器可能提供的最大计算能力时，就会面临无法解决的瓶颈。并且这种模式在缩放中有缺陷，因为整个应用程序都在一台机器上运行，当程序遇到一个单点故障时，运行便会遇到困难。

可以看到垂直缩放计算能力有限制且出错后果严重。高端机器的费用也很昂贵。所以解决方案仍是水平（Horizontal）缩放。在使用的计算集群中，基本计算能力不限于单个节点，而是来自集群里所有节点的集合。在这种模式中能够运行可扩展的模型，而且不会因单点故障中断应用程序运行。

下面介绍分布式模式中的批处理。

在很长一段时间里，Hadoop 被认为是大数据的同义词，可现在大数据已经扩展出了不同的专业分支、非 Hadoop 的计算解决方案。从内核来看，Hadoop 是一个基于 MapReduce 原理来操作的分布式批处理计算框架。

Hadoop 具有通过批处理和并行处理来处理海量数据的能力。关键是它将重心从计算移动到数据，而不像传统世界里从数据移动到计算那样工作。在集群节点上可操作运行的模型是水平可缩放和防范故障的。

Hadoop 是一种用于离线批量数据处理的解决方案。传统意义上，NameNode 属于单点故障，但是更新后的版本和 YARN（Yet Another Resource Negotiator，另一种资源协调者）实际上突破了这一限制。从计算角度而言，YARN 带来了 MapReduce 和 Hadoop 解耦的重大转变，并提供了同 Spark、MPI（Message Processing Interface，消息传递界面）等其他实时并行处理计算引擎的集成。

下面介绍代码推送到数据。

到目前为止，一般的计算模型所拥有的数据流程是获取数据，再移动到计算引擎中去，如图 1.5 所示。

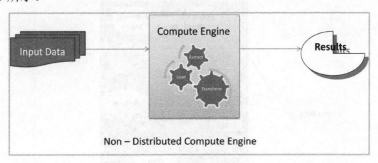

图 1.5

分布式批处理的出现改变了这种数据流程。就像图 1.6 所描绘的那样，分布式批处理将这些批量数据移动到计算引擎集群中的各个节点。这种转变带给应用并行处理数据的能力，被看作是数据处理领域的重要进步。

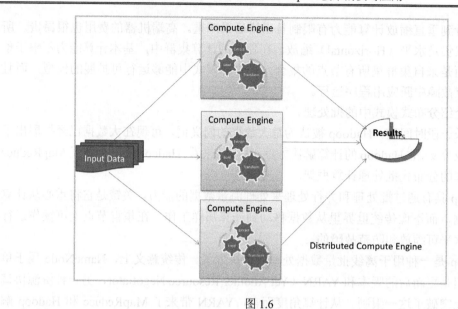

图 1.6

将数据移动到计算对于低数据量数据是有意义的,但对于具有大量数据计算的大数据用例,再将数据移动到计算引擎就不一定是一个明智的方法,因为网络延迟可能会对整体处理时间产生巨大影响,故而 Hadoop 通过创建批量的输入数据(称之为块)并将其分发到集群的每个节点上的方式实现了对传统数据流程的改造。有关过程如图 1.7 所示。

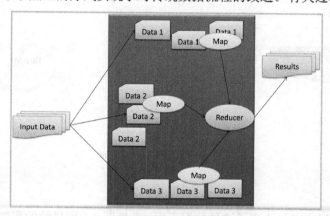

图 1.7

在初始化阶段,大数据文件被推送到 HDFS,然后文件由 Hadoop NameNode(主节点)分割成块(或文件块),并放置在集群中的单个 DataNode(从节点)上以进行并发处理。

名为 Job Tracker 的集群内进程将执行代码或处理移动到数据。计算组件包括了映射器类和缩减器类。简单来说，映射器类执行数据过滤、转换和分割的工作。出于本地化计算的实质特点，映射器实例仅处理位于相同数据节点上或位于同一数据节点上的同地协作数据块。这个概念被称为数据局部性或接近性。一旦映射器被执行，它们的输出被转换到相应的缩减器节点。从功能上说，缩减器类是一个用于编译来自所有节点映射器处理结果的聚合器。

1.7 分布式数据库（NoSQL）

之前已经讨论过了以 Hadoop 实现由"数据到计算"向"计算到数据"的数据处理范式转变，在概念层面上理解了如何发挥分布式计算的力量，接下来将在数据库层面上探讨类似的分布式数据库应用。

简单来说，数据库实际上是一种存储结构，允许以非常结构化的格式存储数据。在内部可以是各种数据结构表示形式，例如平面文件、表、块等。现在，当谈及数据库时，通常指的是具有巨大存储和专用硬件的单/集群服务器类节点所支持的操作，因此可以将它构想为由集中控制单元所控制的单个存储单元。

与一般数据库相反，分布式数据库是没有单个控制单元或存储单元的数据库，基本上是一个具有同质/异构节点的集群，数据、执行和编排的控制都分布于这个集群中的所有节点上。为了更好地理解，可以做个类比，现在的数据被分配到多个盒子中，而不是将所有数据分配到一个巨大的盒子中。分布式的执行、对数据分发的备案记录和核验以及检索处理由多个控制单元负责管理。某种程度上这里不存在单一的控制点或存储点，重点在于这么多分布式节点可以物理或虚拟的方式存在。

不要将此概念与并行系统相关联，在并行系统中处理器紧密耦合且均构成单一数据库系统。而分布式数据库系统是相对松散耦合的实体，这些实体间不存在物理组件共享。

现在来了解分布式数据库的差异性因素。需要理解的是，由于分布式的自然特性，这些系统多了额外的复杂性，以确保当日数据处理的正确性和准确性。如下两个过程起着至关重要的作用。

❑ 复录（Replication）：这一过程由分布式数据库的特殊组件跟踪。此部分软件负责烦琐的备案记录工作，这些工作涵盖所有对数据所进行的更新/添加/删除操作。一旦所有更改被记录下来，复录过程随之更新，以便所有数据副本看起来一致并代表真实的状态。

- 复制（Duplication）：分布式数据库的普及归功于它们没有单点失败的事实，因为故障情况发生时总有不少于一个的数据副本可用于故障处理。通常以预定义的间隔定时执行复制过程，过程中将一个数据实例复制到集群上的多个位置中。

这两个过程都确保在给定的时间点，在集群中存在多于一个的数据副本，并且所有的数据副本都一致表示数据的真实状态。

NoSQL 数据库环境是一个非关系和分布式为主的数据库系统，其明显优势是可以方便对极其高数据量、完全不同的数据类型进行快速分析。随着大数据时代的到来，NoSQL 数据库已经成为传统 RDBMS 的既便宜又可扩展的替代者，提供可用性和容错能力兼有的独特卖点。

NoSQL 提供了灵活和可扩展的概要模型，增添了可无限伸缩、分布式设置以及自由同非 SQL 界面接口等优势特色。

各种 NoSQL 数据库有如下特色。

- 键值存储：此种类型的数据库属于最不复杂的 NoSQL 选项。其 USP 可设计成允许以无模式的方法存储数据。这种存储中的所有数据都包含索引键和关联值（就如名称所示那样）。Cassandra、DynamoDB、Azure Table Storage（ATS）、Riak、Berkeley DB 等都是此类数据库的常见范例。
- 列存储或宽列存储：这是针对标准数据库的数据表在行里存储数据的设计，以数据列取代了数据行的存储功能。它们与基于行的数据库完全相反，这种设计具有高度可扩展性并提供非常优良的性能。此类数据库的范例有 HBase 和 Hypertable。
- 文档数据库：这是对键值存储基本概念的扩展，其中的文档更为复杂和精致。看似每个文档都有一个唯一的 ID 相关联，此 ID 用于文档检索。这些数据库可以广泛应用于面向文档信息的存储和管理。此类数据库的范例有 MongoDB 和 CouchDB。
- 图数据库：顾名思义，它基于离散数学的图论。其设计能够很好地应用于特定类型数据，此类数据用图形方式保存数据间的关系，并且数据元素都基于关系互连。此类数据库的范例有 Neo4j、polyglot 等。

表 1.1 列出了可用于适合 NoSQL 数据库选择的关键属性和特定维度。

- 第 1 列：此列表述了数据模型的存储结构信息。
- 第 2 列：此列以低、中和高的级别表述了分布式数据库的性能信息。

- 第 3 列：此列以低、中和高的等级表述了分布式数据库扩展难易信息。从中可看出，通过向集群添加更多节点，可以轻松达成系统容量和处理能力的扩展。
- 第 4 列：此列表述使用灵活性的程度，以及满足各种结构化或非结构化数据和用例的能力。
- 第 5 列：此列表述系统工作的复杂程度，包括在开发和建模方面的复杂性、操作和可维护方面的复杂性等。

表 1.1

数据模型	性能	可扩展性	灵活性	复杂性
键值存储	高	高	高	无
列存储	高	高	中	低
文档数据库	高	可变（高）	高	低
图数据库	可变	可变	高	高

1.7.1 NoSQL 数据库的优势

下面来看看由传统的 RDBMS 改用 NoSQL 数据库的关键缘由。以下是促成转变的关键驱动因素。

- 大数据的到来和增长：这是推动 NoSQL 发展和转向使用 NoSQL 的主要因素之一。
- 高可用性系统：在当今竞争激烈的世界里，宕机时间可造成致命后果。现实的业务应用中总会发生硬件故障，不过由于建立于分布式架构之上，NoSQL 数据库系统不存在可能导致致命后果的单点故障。它们还具有复制功能，能确保在一个或多个节点发生故障时数据冗余的可用性。在这种机制下，即使在发生本地化故障的情况下，也可确保数据中心的可用性。系统在有高可用性的同时具有水平缩放和高性能的保障。
- 位置独立性：这是指在不考虑输入/输出操作的实际发生物理位置情况下，数据存储里执行读取和写入操作的能力。同样，我们有能力从该位置进行任何渗透写入操作。此特性在 RDBMS 世界中是一个难于实现的愿望，既要服务众多处于不同地理位置的客户，又要保持数据的本地快速访问。要设计满足这样需求的应用程序时，NoSQL 会是非常方便的工具。
- 无模式数据模型：从关系数据库管理系统（RDBMS）移到 NoSQL 数据库系统的主要动机之一是处理非结构化数据的能力，在大多数 NoSQL 存储中都具备。

关系数据模型基于表之间定义的严格关系，由于确定的列结构定义造成这种定义关系本身非常严格。所有关系归于一个模式来组织。RDBMS 的主干是结构，这正是它最大的限制，因此对于不符合严格表结构的非结构化数据的处理和存储来说显得力不从心。相反，NoSQL 数据模型没有任何结构，使得它可以灵活地适应任何形式，所以被称为无模式。正由于这种通用性，使得 NoSQL 数据库能够接受结构化、半结构化或非结构化数据。这种灵活性也伴随着低成本可扩展性和良好性能的保障。

1.7.2 选择 NoSQL 数据库

做出选择时可以考虑一些具体的因素，但决策更多是来自用例驱动的，且随具体情况而变化。数据存储的迁移或选择是重要的、有意识的决策，进行抉择时可参照以下因素：

- 输入数据多样性
- 可扩展性
- 性能
- 可用性
- 成本
- 稳定性
- 社区支持

1.8 实时处理

至此，已经在分布式、批处理系统的背景下广泛探讨了大数据处理和大数据持久性，接下来探讨实时或准实时的处理。大数据处理以离线批量模式处理大量数据集。对当前最新的数据集执行实时流处理时，于现在或即将过去的维度中操作，例如信用卡欺诈检测、安全性威胁等。延迟是这些分析的一个关键方面。

这里的两个操作的关键因素为速度和延迟，这也使 Hadoop 及相关分布式批处理系统有不足之处。Hadoop 及相关系统本为批处理模式提供支持而设计，无法以纳秒/毫秒级别的延迟来运行。在像信用卡欺诈、监控业务活动等用例中，需要几秒钟内得到精确结果，因此需要一个复杂事件处理（CEP）引擎以闪电般的速度来处理和导出结果。

Storm 最初是来自推特软件系统的一个项目，后由 Twitter Storm 改弦易辙加入 Apache

联盟并且脱颖而出。这一源自内森·马茨头脑的创意现如今被 CDH（Cloudera's Distribution Including Apache Hadoop）、HDP（Hortonworks Data Platform）等项目所采纳。

Apache Storm 是一个高度可扩展、分布式、快速、可靠的实时计算系统，用来处理高速数据。Cassandra 以闪电般的快速读取和写入来补充计算能力，这是目前用于 Storm 数据存储的最佳搭配。它帮助开发人员创建一个数据流模型，其中元组持续流过由处理组件集合而成的拓扑结构。可以使用 Kafka、RabbitMQ 等分布式消息队列将数据提取到 Storm 里。Trident 是 Storm 的另一个抽象 API 层，带来微小批处理的能力。

下面介绍在不同工业领域中的几个实时、真实用例。

1.8.1 电信或移动通信场景

现在，手机已不再仅是呼叫设备。事实上，它们已经从手持电话演变为智能手机，不仅提供呼叫访问，而且为消费者提供数据、照片、跟踪、GPS 等便利服务。现在手机或电话产生的数据不只是通话数据，诸如典型的 CDR（呼叫数据记录）捕获语音、数据和 SMS 消息。语音和 SMS 消息已经存在了十多年，并且主要是结构化的，因为它们符合像 CIBER、SMPP、SMSC 等世界范围内通行的电信协议规范。然而这些智能设备里的数据或 IP 流量是十分非结构化的和高数据量的。这些数据可能是音乐、图片、推特文字或者只是数据维度中的任意内容。CDR 处理和计费通常是一个批处理作业，但很多其他事情是实时的。

- ❏ 设备的地理跟踪：您是否注意过我们跨越国家边界时收到短信的速度如何？
- ❏ 使用情况和警报：当收到宽带消费限额和建议充值的警报时，您是否注意到所收到消息的准确性和有效性？
- ❏ 移动预付费卡：如果曾经使用过预付费系统，您一定会对他们所用的超高效收费跟踪系统有深刻印象。

1.8.2 运输和物流

运输和物流是另一处可用场景，这里对车辆数据的实时分析可服务于运输、物流和智能交通管理。这里有来自麦金尼报道的一个例子，报道中详细介绍了大数据和实时分析如何帮助处理以色列首都主干高速公路上的交通拥堵。实际情况是这样的：收费点的收费监控始终不断；高峰时段为避免拥堵会提高收费价格，作为对用户的分流措施；一旦非高峰时段拥堵缓和，收费价格就会降低。

会有更多的用例可以围绕着检查岗/收费亭的数据进行构建，用以开发交通智能管理从而防止拥塞，促进公共基础设施的更好利用。

1.8.3 互联的车辆

过去十年以来，不少有前瞻眼光的想法已成为现实。如今 GPS 和谷歌地图早已不是新鲜事物，它们提供的实用功能被接受和频繁使用。

我家汽车的控制单元装有遥测设备，能捕获诸如发动机温度、燃料消耗模式、RPM 等各种 KPI（关键绩效指标的缩写），所有这些信息可被制造商用于分析。在某些情况下还允许用户在这些 KPI 阈值上设置和接收警报。

1.8.4 金融部门

显而易见，金融部门正在成为实时分析最大的消费者。其应用场景中数据量巨大且快速变化，而且分析过程及对结果的印象会在货币方面产生深远效应。因此，这个部门需要应用实时工具对来自证券交易所、各种金融机构、市场价格和波动等方面的数据进行快速且精确的数据分析。

1.9 本章小结

本章探讨了大数据技术领域的各个方面。已经讨论过大数据环境中所使用的主要术语、定义、缩略语、组件和基础设施，还描述了大数据分析平台的架构。此外，还从顺序处理到批处理，到分布式，再到实时处理探讨了大数据的各种进深计算方法。在本章结尾，相信读者现在已经熟悉了大数据及其特点。

在下一章中，将展开实时技术——Storm 的旅程，读者将看到它如何在实时分析领域中尽其所长。

第 2 章 熟悉 Storm

本章重点在于帮助读者熟悉 Storm 并顺利启动 Storm 应用开发之旅。本章介绍了 Apache Storm 的基本概念和架构，且以用例说明如何将 Storm 用于实时大数据分析。

在本章将讨论以下主题：
- Storm 概述
- Storm 的发展
- Storm 的抽象概念
- Storm 的架构及其组件
- 如何以及何时使用 Storm
- Storm 的内部特性

2.1 Storm 概述

如要对 Storm 以一句话来概括，当然是众所周知的"Storm 是实时版的 Hadoop"。Hadoop 为大数据的数据量维度提供了解决方案，不过其本质上是一个批处理平台，并没有带来速度和即时结果/分析需求的解决之道。尽管 Hadoop 已经成为数据存储和计算领域的转折点，但仍不能解决需要实时分析和结果的问题。

Storm 正是定位于大数据速度方面需求的解决方案。该框架对实时流数据能够以闪电般的速度执行分布式计算处理。作为一种广泛使用的解决方案，它可用于为高速流数据提供实时警报和分析。Storm 是归属于 Apache 基金会的一个项目，其功能得到认可并为人知晓。遵循 Apache 项目的许可规范，Storm 是免费和开源的。它是一个分布式计算引擎，具有高度可扩展性、可靠性和容错性且具备保障处理机制，能够处理无界流媒体数据、提供扩展性的计算及顶部上的小微批处理工具。

Storm 可为非常宽泛的用例场合提供解决方案，范围包括警报和实时业务分析、机器学习和 ETL 用例，以及诸如此类的一些方案。

Storm 广泛兼容各种各样的输入和输出端点集成。对于输入数据，它可以同 RabbitMQ、JMS、Kafka、Krestel、Amazon Kinesis 等领先的队列管理机制良好配搭。对于输出端点，它同如 Oracle 和 MySQL 这样的主流传统数据库连接良好。Storm 的适应性不限于传统的 RDBMS 系统，它与 Cassandra、HBase 等大数据存储亦有着非常好的接口。

上述所有功能使得 Storm 在提供实时解决方案方面成为最受欢迎的框架。Storm 是高速数据处理的完美选择。图 2.1 很好地描述了 Storm 以黑箱方式呈现的功能。

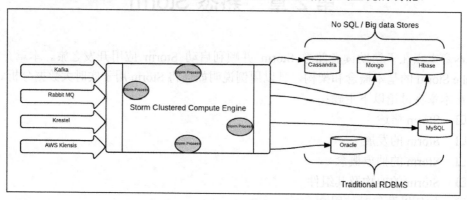

图 2.1

2.2 Storm 的发展

了解了 Storm 的功能后，下面通过这个奇迹般精彩的工程的历史来了解一下大框架的构建和由小实验演变为巨大成功的过程。下面一些 Storm 的发展历程介绍摘录自 Nathan Marz 的博客（http://nathanmarz.com/blog/history-of-apache-storm-and-lessons-learned.html）。

Storm 是 Nathan 头脑灵光一现的产物，照他的话说，任何成功的创意都源自两个重要方面（尽管 Nathan 在 Storm 背景下这样说，本人理解这些通用道理可以导向任何创造发明的成功）：

- 应该有一个真正的问题是这个解决方案/发明可以有效解决的。
- 必须有足够多的人相信这个解决方案/发明是处理该问题的工具。

促成 Storm 构想产生的问题是实时分析解决方案，实时分析方案要用于 2010—2011 年社交媒体数据分析和为商业机构提供参考。进一步说来，既然已存在一些现成解决方案，是什么因素促成 Storm 这样的框架出现呢？长话短说，俗语有云"美好的事物都有终结的一天"，进而"所有好的解决方案会深入解决问题，最终会完成使命而结束"。这里的情况是，如 BackType 之类现成的解决方案非常复杂，既做不到有效地扩展，业务逻辑又被生搬硬套到应用程序框架中，从而使得开发人员的生计面临更大的挑战。这些现成方案实际上使用同一套解决思路：来自 Twitter Firehose 的数据先被推送到一组队列里，并且有 Python 进程来订阅、读取和反序列化这些队列，然后将它们发布到其他队列和工作者进程上。虽然应用程序有一组分布式的工作者进程和代理，编排和管理仍然是非常乏味和复杂的代码段工作。

步骤 1

在 Nathan Marz 开始构思时，首先想到以下几个抽象的概念。

- 流：这是对无休止事件的分布式抽象，具有并行生成和处理的能力。
- Spout：这是生成 Stream 的抽象组件。
- Bolt：这是处理 Stream 的抽象组件。

步骤 2

抽象到位后，落实想法的重大突破在于下面的实际解决方案中：

- 在中间层配置了代理 broker 方案。
- 实现实时范式，同时要兼顾处理有效性保障的解决方案。

从上述两方面落实的解决方案指明了为框架构建最为智能化组件的愿景。此后项目便走上了成功的规划之路。当然，后续工作依然不简单，但愿景、思路和想法已经到位。

大约 5 个月的时间后第一个版本成形。如下几个关键方面是从一开始就被牢记的：

- 它是开源的。
- 它的所有 API 都使用 Java 语言编写，这样可让大多数社区和应用程序轻松访问。
- 它使用 Cojure 语言来开发，这样项目开发快速而且高效。
- 它应该使用 Thrift 数据结构，这样能为非 JVM 平台和应用程序提供可用性。

2011 年 5 月，BackType 被推特收购，Storm 顺理成章成为推特强大产品库中的亮点。Storm 于 2011 年 9 月正式发布，很快被行业欣然接受，后来被诸如 Apache、HDP、Microsoft 等业内巨头所采用。

以上就是 Apache Storm 发展过程的简短概要。Storm 之所以获得成功，是因为在那个时间点没有其他工具、技术或框架可以提供如下 6 个 KPI。

- 性能：Storm 最适合大数据的高速维度，其中以非常高速率到达的数据必须依照严格的 SLA（服务等级协议）在秒级时间处理好。
- 可扩展性：这是 Storm 成功关键的另一个维度。它提供具有线性可扩展性的大规模并行处理支持。这使得系统构建很容易，并且可以根据业务需求来轻松放大/缩小。
- 故障安全：这是 Storm 的另一个特色。它是分布式的，并且有容错的优点。这意味着如果集群的某个组件或节点发生故障，应用程序将不会关闭或停止处理工作。相同的过程或工作单元将由另外节点上的某个其他工作者来处理，这样即使发生故障，工作依然能够无缝、顺利地进行。

- 可靠性：这个框架提供由应用程序一次性处理好每个事件的能力。
- 简单：这个框架建立在非常符合逻辑的抽象基础上，很容易被理解和认识。因此，采用或迁移到 Storm 相当轻松，这是其获得显著成功的关键属性之一。
- 开源：这是软件框架所提供的最为有利的功能——这样一个可靠和可扩展的优秀软件工程却没有许可费要求。

在了解了 Storm 发展概要之后，再学习一些 Storm 的抽象概念，然后深入了解。

2.3　Storm 的抽象概念

前面了解过 Storm 的诞生以及如何从 BackType Storm 到 Twitter Storm，再到 Apache Storm 的发展历程，在这一部分中，将介绍 Storm 中的某些抽象概念内容。

2.3.1　流

流（stream）是 Storm 最为基本的抽象和核心概念之一。基本上它是无界的（无开始或结束序列）的数据。在 Storm 框架中，假设可以并行创建流并且由一组分布式组件并行处理。流的概念可以同合作关联数据流来进行类比。

在 Storm 的上下文环境中，流是元组或数据的无尽序列。元组（tuple）是包括键/值对的数据。这些流符合模式规范。这里的模式就像一个模板，该模板用于解释和理解流中的数据/元组，并具有诸如字段之类的规范。字段可以有如整数、长整型、字节、字符串、布尔值、双精度等原始数据类型。同时，Storm 为开发人员提供了一些便利功能，支持他们编写自己的序列化程序来实现对自定义数据类型的支持。

- Tuple：这些是形成流的数据，是 Storm 的核心数据结构，是 backtype.storm.tuple 包下的一个接口。
- OutputFieldsDeclarer：这是 backtype.storm.topology 下的一个接口，用于定义模式并声明相应的流。

2.3.2　拓扑

整个 Storm 应用程序被一起打包封装成 Storm 拓扑（topology）。这个抽象概念可以同 MapReduce 构建的作业相类比。唯一的区别是 MapReduce 作业终止时，Storm 拓扑依然在运行。由于要处理持续不断的数据流，若非人为终止，Storm 拓扑不会结束运行。因此，拓扑永远持续工作来处理所有传入的元组数据。

拓扑实际上是 DAG（有向非循环图），其中组成节点 spout 和 bolt（后续即将介绍的两个 Storm 抽象概念——译者注）同数据流都是图的边缘。Storm 拓扑基本上是 Thrift 结构，有一套封装好的 Java API 可以访问和操作它们。用于创建和提交拓扑的公开 Java API 模板类名为 TopologyBuilder。

2.3.3 Spout

在描述拓扑时，谈到了 Storm 的 Spout 抽象。 在拓扑 DAG 中有两种类型的节点元素，其中之一是 Spout，也就是到拓扑中的数据流馈线。这些是连接到队列中外部源的组件，并从中读取元组后将其推入拓扑以进行处理。实质上拓扑对元组进行操作，因此 DAG 总是从一个或多个 Spout 开始，基本上这些 Spout 是使得元组进入系统的源元素。

Storm 框架中 Spout 有两种风格：可靠和不可靠。两种 Spout 的功能名副其实。可靠 Spout 通过确认的方法记住它推送到拓扑中去的所有元组，因此可做到重放失败的元组。不可靠 Spout 不记忆或跟踪它推入拓扑中的元组，因此不可能重放失败的元组。

- ❑ IRichSpout：此接口用于 Spout 的执行。
- ❑ declareStream()：这是一个在 OutputFieldsDeclarer 接口下的方法，用于指定和绑定数据流 stream 发送到 Spout。
- ❑ emit()：这是一个 SpoutOutputCollector 类的方法，创建时旨在结合 Java API 以从 IRichSpout 实例发送出元组。
- ❑ nextTuple()：这是连续调用 Spout 的流水线方法。当有从外部源读取到的元组时，和先前一样将元组发送到拓扑中，否则简单返回。
- ❑ ack()：当拓扑成功处理发送的元组时，此方法由 Storm 框架调用。
- ❑ fail()：当发送元组的拓扑处理失败时，此方法由 Spout 调用。可靠 Spout 会将失败的元组排队后重放。

2.3.4 Bolt

Bolt 是存在于 Storm 拓扑中的第二种节点。 Storm 框架中这些抽象组件基本都是处理过程的关键参与者。它们是在拓扑中执行处理的组件。因此，它们是所有逻辑、处理、合并和转换的中心。

Bolt 订阅输入元组组成的流，一旦完成执行逻辑，就将处理后的元组发送到流。这些处理组件具有订阅和发送到多个流的能力。

- declareStream()：这一方法来自于 OutputFieldsDeclarer，可用来声明特定 Bolt 将发送到的所有流。请注意，发送到流的 Bolt 与在流上进行发送的 Spout 功能方面是一致的。
- emit()：同 Spout 相似，Bolt 也使用一个 emit 方法发送到流中，但这里的区别在于，这个 Bolt 是从 OutputCollector 调用 emit 方法。
- InputDeclarer：此接口具有用于定义各种分组（在 stream 上的订阅）的方法，这些分组控制 Bolt 与输入流的绑定，从而确保 Bolt 基于分组中的定义从流读取元组。
- execute()：这一方法是所有处理的关键所在，并为 Bolt 的每个输入元组执行。一旦 Bolt 完成处理，将调用 ack()方法。
- IRichBolt 和 IBasicBolt：这些是 Storm 框架提供的用于 Bolt 实现的两个接口。

现在已经了解到 Storm 有关的基本抽象范式及其功能，其概括总结如图 2.2 所示。

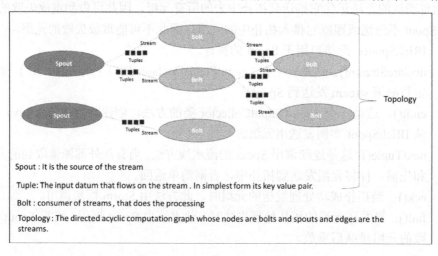

图 2.2

2.3.5 任务

在 Bolt 和 Spout 内部，实际处理任务被分成较小的工作项后再并行执行或计算。这些实际在 Bolt 或 Spout 内负责实际计算的执行线程被称为任务（task）。一个 Bolt 和 Spout 可以产生任意数量的 task（当然，每个节点在 RAM 和 CPU 方面都会有资源限制，但框架本身不对此作任何限制）。

2.3.6 工作者

这些工作者程序是为满足拓扑执行需要而产生的进程。每个工作者与拓扑中的其他工作者分开执行，并且为实现这一点在不同的 JVM 中执行。

2.4 Storm 的架构及其组件

之前已经充分讨论了 Storm 的发展历史和抽象概念理论，现在是时候深入探索执行中的框架并结合实际代码来体会 Storm 的实践效果了，此时距离实践只有一步之遥。在此之前，先来了解让 Storm 发挥作用的是哪些组件，以及它们在框架构建和编排中的贡献是什么。

Storm 有两种工作执行风格。
- 本地模式：这是一个通常用于演示和测试的单节点及非分布式设置。这里，整个拓扑在单个工作者中执行，因此是单个 JVM。
- 分布式模式：这是一个完全或部分分布式的多节点设置，也是实时应用程序开发和部署的推荐模式。

这些模式的具体说明可以参见 Apache Storm 网站（https://storm.apache.org/documentation/Setting-up-a-Storm-cluster.html）。典型的 Storm 安装包含如下一些组件。

2.4.1 Zookeeper 集群

Zookeeper 实际上是 Storm 的编排引擎和备案记录。实际上，Zookeeper 做了所有的协调工作，像拓扑提交、工作者创建、跟踪并检查死节点和进程以及在主管（supervisor）程序或工作者程序进程失败的情况下重新启动集群里备用进程的执行。

2.4.2 Storm 集群

Storm 集群通常在多个节点上安装，其中包括以下进程。
- Nimbus：这是 Storm 框架的主进程，可被看作类似于 Hadoop 的 JobTracker。它是拥有拓扑提交任务的进程，并将整个代码包分发到集群的所有其他主管节点上。Nimbus 还将工作者分派给集群中的各个主管节点。Storm 集群都有一个 Nimbus 守护进程。

❑ **Supervisors 主管**：这些是负责实际处理工作的进程。Storm 集群通常有多个主管管理程序。一旦拓扑被提交给 Nimbus 并且完成工作者分配，主管节点内的工作者将进行所有的处理，而且这些工作者由主管节点守护进程启动。

❑ **UI**：Storm 框架提供如图 2.3 所示基于浏览器的界面来监视集群和各种拓扑。集群中的任何一个节点上都必须启动 UI 进程，并且网址（http://ui-node-ip:8080）上的 Web 应用可以正常访问。

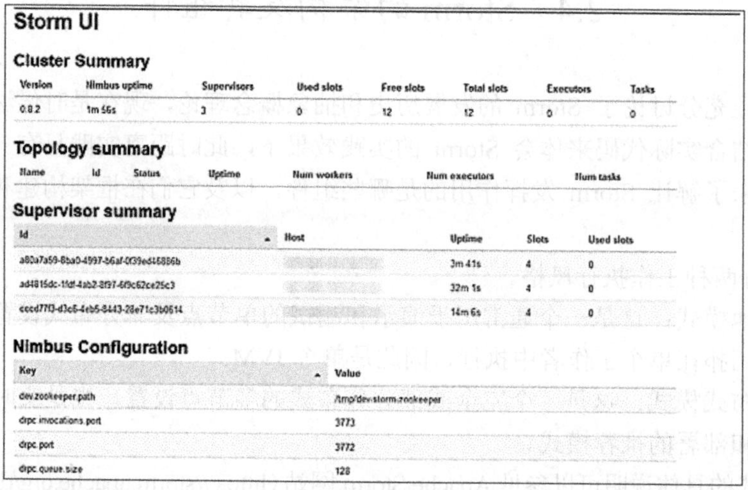

图 2.3

现在已经了解到 Storm 集群的各种工作进程和组件，下面继续探索各种可迁移的部分功能如何一起运行，以及当拓扑提交到集群时会发生什么情况。

参照如图 2.4 所示的框图。

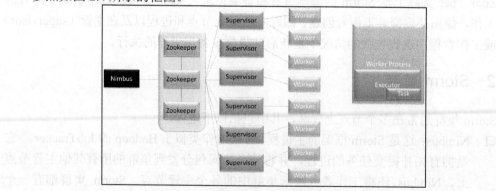

图 2.4

图 2.4 描述了以下内容。

- Nimbus：它是集群的主 Storm 进程，实质上是一个 Thrift 服务器。
- 这里有 Storm 守护程序，其中的拓扑由 Storm 提交程序提交。代码分发（JAR 文件及其所有依赖文件）是以从该节点到集群所有其他节点的方式来完成的。此节点设置有关集群和拓扑的所有静态信息，并且还分配所有工作者并启动拓扑。
- 此进程还会对集群中的故障情况进行检查和监视。如果主管节点关闭，Nimbus 将在该节点上执行的任务重新分配给集群中的其他节点。
- Zookeeper：一旦提交拓扑（提交到 JSON 和 Thrift 中的 Nimbus Thrift 服务器），Zookeeper 会捕获所有工作者分配，从而跟踪集群中的所有处理组件。
  Zookeeper 为所有工作者进程执行集群同步和轨迹跟踪。
  此机制确保在提交拓扑后，如果 Nimbus 断开，因为有着 Zookeeper 跟踪到的协同和轨迹情况，所以拓扑操作仍将继续正常工作。
- Supervisor：这是来自 Nimbus 负责作业处理的节点，并以所分配时一致的安排来执行工作者进程。
- Worker：这是在主管节点内执行的进程，分配给它们的作业是执行和完成拓扑工作的一部分。
- Executor：这是 Java 线程，由 JVM 中的工作者进程生成以处理拓扑工作。
- Task：这是执行者中的实例或组件，其中有工作实际发生或处理完成。

2.5 如何以及何时使用 Storm

熟悉工具或技术的最快方式是直接去实践；前面已经做了很多理论上的讨论，还没有涉及实际操作来享受实践的乐趣。下面将从基本的字词计数拓扑开始，笔者有在 Linux 上使用 Storm 的丰富经验，并且有很多在线资料可参考，也曾使用 Windows 虚拟机来执行字计数拓扑。这里有几个先决条件：

- apache-storm-0.9.5-src
- JDK 1.6+
- Python 2.x（分享一次从错误中得到的教训。笔者的 Ubuntu 上一直使用 Python 而且从来没遇到任何麻烦。一次字数统计时，笔者使用 Python 脚本来拆分句子，当时配置了最新版本的 Python 3，但后来发现，只有 2.x 版 Python 可以兼容使用）
- Maven
- Eclipse

接着要对如下系统环境变量进行精确设置：
- JAVA_HOME
- MVN_HOME
- PATH

系统环境变量 PATH 的设置里应包含机器上已有 Python 程序的安装路径，如图 2.5 所示。

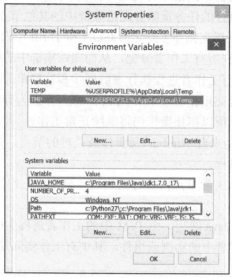

图 2.5

还需要交叉检查一切设置是否准确有效，可在命令提示符下输入执行如图 2.6 所示的命令并核对输出结果。

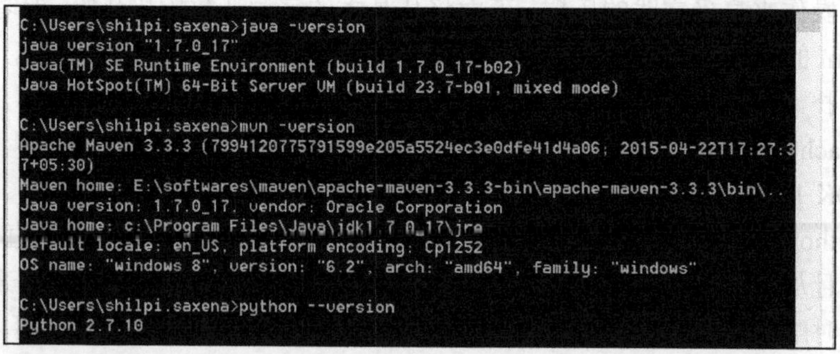

图 2.6

第 2 章 熟悉 Storm

现在通过设置将 Storm 起始项目导入 Eclipse 中并查看其执行效果。如图 2.7 所示的截图描述了从 Storm 源包中导入并实现字词计数拓扑所要执行的步骤。

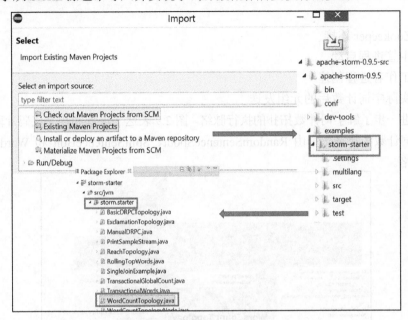

图 2.7

如今项目已准备好建立和执行。下面将详细解释拓扑的所有移动组件，但现在先看看输出将是怎样的情况，如图 2.8 所示。

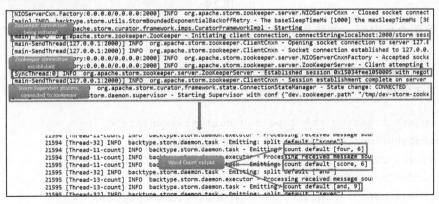

图 2.8

由图 2.8 已经看到了拓扑执行的情况，希望结合前面 Eclipse 控制台的屏幕截图明确一些重要的观察项目及前后关联。

请注意,尽管 Storm 在单节点上执行,仍可看到与日志记录器有关的需要创建的一些内容:

- ❑ Zookeeper 连接
- ❑ 主管进程启动
- ❑ 工作者进程创建
- ❑ 实际字词计数后的元组发送

现在进一步了解字词计数拓扑的执行脉络。图 2.9 表达了流程和相关代码片段的剖析。基本上字词计数拓扑是一个由 RandomSentenceSpout、SplitSentenceBolt 和 WordCountBolt 组成的网络。

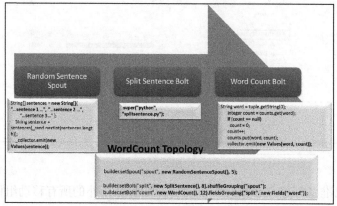

图 2.9

尽管图 2.9 中所示的流程和动作是不言自明的,仍会用一些文字来详细说明代码片段。

- ❑ WordCountTopology:在这里实际上完成了应用程序的各种流和处理组件的网络或连线。

```
// we are creating the topology builder template class
TopologyBuilder builder = new TopologyBuilder();
// we are setting the spout in here an instance of
// RandomSentenceSpout
builder.setSpout("spout", new RandomSentenceSpout(), 5);
//Here the first bolt SplitSentence is being wired into
//the builder template
```

```
builder.setBolt("split", new SplitSentence(),
8).shuffleGrouping("spout");
//Here the second bolt WordCount is being wired into the
//builder template
builder.setBolt("count", new WordCount(), 12).
fieldsGrouping("split", new Fields("word"));
```

值得注意的是,如何使用前述示例里的各种分组,如 fieldsGrouping 和 shuffleGrouping 来连线和订阅流。另一方面是组件连接到 topology 时针对每个组件定义的并行度示意。

```
builder.setBolt("count", new WordCount(), 12).
fieldsGrouping("split", new Fields("word"));
```

例如,在前面的代码段中,新的 WordCount 类 Bolt 被定义为 12 的并行度示意。这意味着将产生 12 个执行器任务来处理该 Bolt 的并行处理。

- RandomSentenceSpout:这是拓扑的 Spout 或馈线组件。它从代码本身硬编码的语句组中取得一个随机语句,并将其发送到拓扑上以使用 collector.emit()方法进行处理。这里是实现同类功能的一段代码摘录:

```
public void nextTuple() {
  Utils.sleep(100);
  String[] sentences = new String[]{ "the cow jumped over
    the moon", "an apple a day keeps the doctor away",
    "four score and seven years ago", "snow white and the
    seven dwarfs", "i am at two with nature" };
  String sentence = sentences[_rand.nextInt
    (sentences.length)];
  _collector.emit(new Values(sentence));
}
...
public void declareOutputFields(OutputFieldsDeclarer
  declarer) {
  declarer.declare(new Fields("word"));
}
```

nextTuple()方法对每个读取的事件或元组执行 Spout 和推入拓扑。笔者还附加了 declareOutputFields()方法的代码片段,从该 Spout 出来的新流被绑定到这里。

现在已明确在安装好的 Storm 中执行字词计数的情况,如图 2.10 所示。接下来可深入了解其内部情况，包括理解 Storm 内部结构及其体系结构的详细性质、剖析一些关键功能来探索它们的应用。

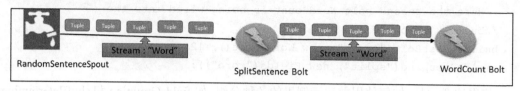

图 2.10

2.6 Storm 的内部特性

当人们开始谈论 Storm 时，该框架如下的关键方面显得格外突出：

- Storm 的并行性
- Storm 的内部消息处理

下面就来探讨每个属性，并了解 Storm 如何发挥相应的功能。

2.6.1 Storm 的并行性

如果要深入了解 Storm 集群中功能强劲的进程，以下一些关键组件值得积极探索。

- 工作者进程（Worker process）：这些是在主管节点上执行的进程，每一进程负责处理拓扑的一个子集。每个工作者进程在其自己的 JVM 中执行。可以在拓扑构建器模板中指定分配给拓扑的工作者数量，并且在拓扑提交时适用。
- 执行者（Executor）：这些是在工作者进程中生成的用于 Bolt 或 Spout 执行的线程。每个执行者可以运行多个任务，但是这些任务只能在作为单个线程的执行器上顺序执行。在拓扑生成器模板中 Bolt 和 Spout 连线时指定执行者数目，默认值为 1。
- 任务（Task）：这些是进行实际处理的基本操作中心。默认情况下，Storm 为每个执行者启动一个任务。还可以在拓扑构建器模板中设置 Bolt 和 Spout 时指定任务数目。

可参考下面的代码：

```
builder.setBolt("split", new SplitSentence(), 8).setNumTasks(16).
shuffleGrouping("spout"); //1
...
```

```
conf.setNumWorkers(3); //2
```

上述代码段反映以下内容：
- SplitSentence 类 Bolt 已经分配了 8 个执行者。
- SplitSentence 类 Bolt 在执行期间将启动 16 个任务，这意味着每个执行者有 2 个任务。对于每个执行者，这些任务将按顺序执行。
- 使用 3 个工作者进程来启动拓扑的配置。

图 2.11 体现了这 3 个组件间的相互关系。

图 2.11

在主管节点内生成工作者进程。通用简略规则是在节点上每个处理器有一个工作者进程。在每个工作者进程中再创建多个执行者进程——每个进程在自己的 JVM 中执行并编排其任务。

接下来可以了解 Storm 并行性概念。在这里，将尝试使用样本拓扑示例来进行同样的工作，然后确定同样工作提交时会发生的情况以及性能提升的达成。

```
Config topologyConf = new Config();
topologyConf.setNumWorkers(2);
topologyBuilder.setSpout("my-spout", new MySpout(), 2);
topologyBuilder.setBolt("first-bolt", new FirstBolt(),2)
.setNumTasks(4)
.shuffleGrouping("my-spout");
topologyBuilder.setBolt("second-bolt", new YellowSecondBolt(), 6)
        .shuffleGrouping("first-bolt");
```

这里有一个简单直接的拓扑，它分配了两个工作者，并包含有一个并行度示意为 2 的 Spout 和两个 Bolt：其中第一个 Bolt 的并行度示意为 2，任务数量为 4；而第二个 Bolt

的并行度示意为 6。

请注意,并行度示意指的是执行者的数量,默认情况下,Storm 会为每个执行者产生一个任务,所以可根据前面的拓扑模板配置明了这里的一些计算指标:

- 总体组合并行度(执行者数目)= 2(Spout 并行度)+ 2(第一 Bolt 并行度)+6(第二 Bolt 并行度)= 10
- 分配的工作者数量= 2
- 每个工作者上生成的执行者数量= 10/2 = 5
- Spout 的任务数量= 1(默认)
- 第一个 Bolt 的任务数量= 4
- 第二个 Bolt 的任务数量= 6

情况如图 2.12 所示。

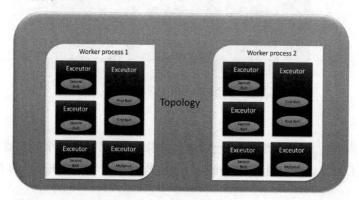

图 2.12

图 2.12 呈现了拓扑组件在两个工作者上的分布情况。

2.6.2 Storm 的内部消息处理

在 2.6.1 节中讨论了 Storm 的并行性,相信读者已了解到 Storm 的拓扑组件在不同节点、工作者进程和线程间的分布情况。

现在,需要理解多进程间的通信,这种通信能协调并行分布式处理单元的工作。虽然这种通信是所有处理的关键要素,但必须足够高效和最低限量加载,以避免成为降低网络数据传输吞吐量的负担。

虽然在后面的章节中会讨论到有关细节,仍有必要先了解在 Storm 集群中拓扑执行过程中的各种通信方式所发挥的作用。

- ❑ 工作者间通信：这里指的是两个工作者进程之间发生的信息交换。此类通信有两种执行应用情况。
  - ➤ 在同一节点上的工作者执行：这种情况下不涉及网络跳转，因为信息交换发生在同一主管节点上的两个工作者节点之间。该应用情况下，在早期 Storm 版本中使用 ZeroMQ 来执行 JVM 间通信，在 Storm 0.9 及更高版本中使用 Netty。
  - ➤ 跨节点的工作者执行：这里指的是在不同主管节点上执行的两个工作者节点之间发生的信息交换。这种情况涉及网络跳转。此应用情况在早期 Storm 版本中使用 ZeroMQ 执行通信，在 Storm 0.9 及更高版本中则使用 Netty。
- ❑ 工作者内通信：这种通信的特点是信息交换发生在工作者内部，是在同一工作者线程上生成的执行者之间的消息传递通信。这种通信在单个主管节点上单一 JVM 内的不同工作线程之间发生。Storm 使用 LMAX Disruptor（一个超高效、轻量级的消息传递框架，用于线程间通信）来执行这种情况下的通信。

这里要注意如下几方面：
- ❑ 所有节点间通信都由 ZeroMQ、Netty 或 Kyro 来完成。这里使用序列化。
- ❑ 所有节点内通信都使用 LMAX Disruptor 完成。这里不使用序列化。
- ❑ 有效使用消息交换框架和序列化可以提升 Storm 的实现效率和性能。

图 2.13 显示了工作者内部的通信和消息执行情况。

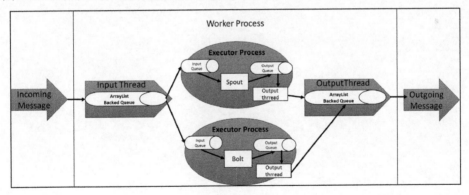

图 2.13

Storm 的每个主管节点都分配有 TCP 端口。这是在 storm.yaml 配置文件里定义的。图 2.13 所示的工作者输入线程会持续监听分配的端口。当它收到一个消息时，该输入线程会读取消息并将其放入缓冲区（一个基于 ArrayList 的队列）。这个输入接收线程被命名为 receiver.buffer，其负责读取传入消息并将其分批送到 topology.receiver.buffer 中。

在同一个工作者进程中可以生成多个执行者。再参考图 2.13，每个执行者进程也拥有自己的输入队列，并从 receiver.buffer 接收反馈信息。每个执行者都有自己的输入队列。处理逻辑写在 Bolt 的 execute()方法中，或写在 Spout 的 nextTuple()方法中，可以对在执行者队列中等待的消息执行相应处理逻辑。一旦处理完成就需要把消息发送出去，这时由执行者的输出线程或发送者线程将消息分派给工作者的输出线程。

属于工作者的输出线程接收消息并将其放在 ArrayList 输出队列中。一旦达到阈值，消息就在出站 TCP 端口上从节点发送出去。

2.7 本章小结

本章涉及不少 Storm 及其历史沿革等方面内容，介绍了 Storm 的组件以及 Storm 某些关键概念的内部实现。其中浏览分析了实际的代码，现在希望读者可以搭建 Storm（本地版和集群版）并运行 Storm，编程部分基本范例。

在下一章中将针对 Storm 与各种输入数据源的结合使用进行探索。将讨论 Storm 的可靠性，以及如何将来自 Storm 中 Bolt 的数据持久化保存到稳定存储介质中。

第 3 章 用 Storm 处理数据

本章将主要聚焦使用 Storm 读取和处理数据。这里涉及的关键方面包括 Storm 从各种数据源消耗数据、处理和转换数据以及将其保存到数据存储空间的能力。还将帮助读者了解过滤器、联结和聚合这些相关概念并提供示例。

在本章会介绍以下主题:
- Storm 输入数据源
- 认识 Kafka
- 数据处理的可靠性
- Storm 的简单模式
- Storm 的持久性

3.1 Storm 输入数据源

Storm 同各种输入数据源都能很好地配合工作。下面这几个数据库可以考虑一起使用:
- Kafka
- RabbitMQ
- Kinesis

Storm 实际上是数据的消费者和处理者,必须与数据源耦合才能发挥作用。大多数情况下,数据源是产生流数据的连接设备,比如下面一些数据:
- 传感器数据
- 交通信号数据
- 来自证券交易所的数据
- 生产线数据

这个列表几乎是无限的,列举内容都可以作为基于 Storm 解决方案的数据用例。在设计有凝聚力且低耦合系统的基础上,保持数据源和计算的松耦合关系非常重要。强烈建议通过队列或代理服务的方式将流数据源同 Storm 的计算单元集成起来。图 3.1 显示了任意基于 Storm 流应用程序的基本数据流程,包括从数据源开始整理直到采集数据进入 Storm 中。

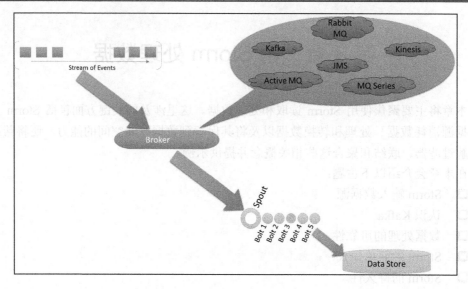

图 3.1

Storm 消耗、解析、处理数据,并将数据转储到数据库中。在接下来的部分,将更深入了解 Storm 计算单元和数据源之间解耦集成方面的内容。

3.2 认识 Kafka

Kafka 是一个基于日志提交原理运行的分布式队列系统。它的执行基于传统的发布者-订阅者(pub-sub)模型,其内置的高效性和持久性是众所周知的。当从根本上将数据结构持久标记时,即使在出错的情况下,这些消息或数据也能得到保留或恢复。

继续深入之前,先熟悉一些术语以有助于更好地理解 Kafka:

❑ Kafka 基于典型的发布者-订阅者模型,由 Kafka 生产者进程来负责生成消息,Kafka 消费者进程来负责消耗消息。

❑ 一个或多个消息组成的消息源/流被分组到 Kafka 主题中,这些主题被生产者进程发布时会被消费者进程订阅。

❑ Kafka 是分布式的,因此能确保它在生产场景中以集群设置方式来执行。它具有一个或多个代理服务器,这些代理服务器串接在一起形成 Kafka 集群。

图 3.2 描述了典型的 Kafka 集群及其组件:

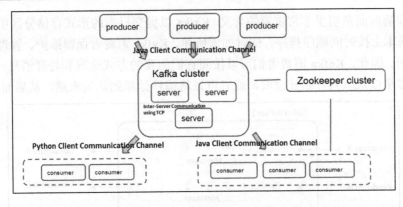

图 3.2

图示很容易理解，这里仍进行一些简单的解释说明。Kafka 集群通常包括一个或多个 Kafka 服务器，这些服务器通过典型的 TCP 协议彼此通信。生产者和消费者进程一般通过客户端与服务器通信，客户端可以用 Java、Python 或其他语言实现（Kafka 客户端可以在 https://cwiki.apache.org/confluence/display/KAFKA/Clients 找到）。

3.2.1 关于 Kafka 的更多知识

可以将 Kafka 主题看作命名的信箱，其中的消息由 Kafka 生产者提供。一个 Kafka 集群可以有多个主题，每一主题能进一步分割并按时间顺序排列。可以将主题看作实际保存物理文件的逻辑分区集合。

如图 3.3 所示，一个 Kafka 代理可以保存多个分区，并且每个分区以严格的顺序保存多个消息。订购（按时间顺序，其中第 0 个为最早的消息）是由 Kafka 消息代理系统提供的最大优点之一。一个或多个生产者可以写入分区，消费者订阅以检索这些分区的消息。所有消息间的区分来自唯一的偏移 ID（与分区中每个消息相关联的唯一标识符，并且仅在本分区内保持唯一性）。

每个发布的消息保留一段特定的时间，由已配置的生存时间（TTL）表示。此行为不考虑消息是由消费者消耗还是由分区保留。Kafka 中下一个需要了解的重要属性是主题。

如果用最简单的语句来描述，Kafka 持续不断地将消息写入提交日志。每个分区都有自己不可变的提交日志。如前所述，每个消息都有序列 ID 来标记。

谈到 Kafka 消费者，需要了解非常重要的一点就是，Kafka 之所以高效的原因是消费者上下文设置和维护的重载要最小化。实际上它做了必要的事情：对每个消费者，它只需要保持偏移量即可。消费者元数据在服务器上维护，消费者的工作只是记住偏移量。

读者需要理解前面声明里非常重要的含义。Kafka 以提交日志的形式存储分区中的所有消息。日志基本上按时间顺序排序，同时如前所述，Kafka 消费者保留维护、管理和提前偏移量的权利。因此，Kafka 消费者们可以按照它们想要的方式读取和处理消息。例如，可以重置偏移量以从队列开始处读取，或者可以将偏移量移到队列末尾，从后面消耗。

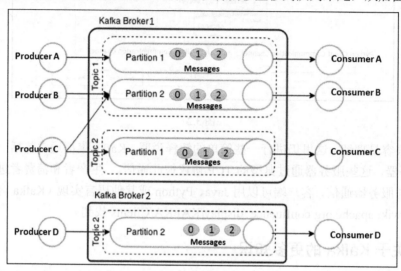

图 3.3

增加 Kafka 解决方案可扩展性的另一个方面是，一个分区托管在一个机器上，一个主题可拥有任意数量的分区，从而在理论上可以线性伸缩方式来存储大量扩展数据。分布式分区的这种机制，以及跨主题分区的数据复制，呼应了高可用性和负载平衡这两个重要的大数据概念。

分区的处理以非常有弹性和故障安全的方式完成。每一个分区都有其领导者和追随者，这里采用了一些非常接近和类似 Zookeeper 仲裁操作的方式。当消息到达主题时，首先写入分区领导者。在后台有复制到跟随器的写入操作，用以保持复制因子。在领导者故障的情况下，会再次选择让一个追随者成为新的领导者。每个 Kafka 服务器节点均可作为跨集群分布的一个或多个分区的领导者。

如前所述，Kafka 中消费者消耗消息和生产者执行处理的角色同样重要。起初最重要的是，生产者发布消息到主题上，但不像看上去那样直接简单。它们必须决定哪个消息应该写入哪个主题的分区里。这个决定由一个配置算法来实现，可以使用轮询、基于键值甚至某些自定义算法。

现在消息已经发布，我们需要了解 Kafka 消费者操作的实质及其精练的动态性能。

传统上如果要分析消息服务，理论方面只有两个模型在总体层面上操作。其他模型或多或少都是围绕着这两种模型的实现演化构建的抽象。这两个基本模型介绍如下。

- 队列：在此模型中，消息被写入单个队列，消费者可以从队列中读取消息。
- 发布者-订阅者：在此模型中，消息写入主题，所有订阅的消费者都可以从同一主题中读取。

前面的描述在基本层面是有效的。队列的各种实现提供此类行为，该行为取决于队列中基于推送或基于拉取服务的实现方面。

Kafka 的实现者已经聪明地将灵活性和功能性融为一体。在 Kafka 术语中这被称为消费者群体的概括。

这种机制有效地实现了先前描述的队列和发布者-订阅者模型，如图 3.4 所示，并且在消费者端提供了负载平衡的优点。在客户端，即消费者端可以获得对消耗速率及可扩展性的有效控制。每个消费者都是消费者组的一部分，发布到分区的任何消息都由每个消费者组中的一个（注意只有一个）消费者使用。

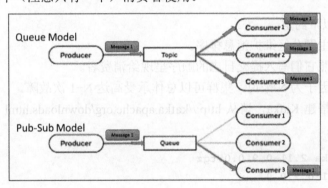

图 3.4

通过分析图 3.5，可清楚地看到一个图形化描述的消费群体及其行为。这里有两个 Kafka 代理 Broker：代理 1 和代理 2。它们有两个主题：主题 A 和主题 B。每个主题再分为两个分区（Partition）：分区 0 和分区 1。仔细查看图 3.5，会注意到主题 A 中分区 0 的消息被同时写入消费者组 A 中的一个消费者和消费者组 B 中的一个消费者。

类似地，对于所有其他分区，在单个消费者群中可以实现包含群里所有消费者的排队模型，从而达成一个消息仅传递给一个消费者过程。这样就直接实现了负载均衡的效果。

如果碰巧拥有一个配置，其中每个消费者组只有一个消费者进程，那么将显示与发布者-订阅者模型相同的行为，所有消息都将发布给所有消费者。

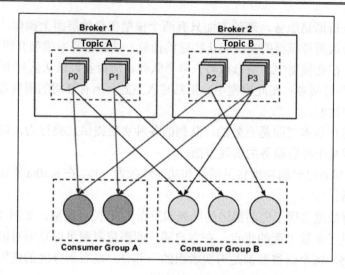

图 3.5

Kafka 中有以下约定：
- 以每个主题分区维护消息排序。
- 消息按照它们写入提交日志的顺序呈现给消费者。
- 以复制因子为 N 来说，集群可以总体承受高达 N-1 次故障。

要在系统上搭建 Kafka，请从 http://kafka.apache.org/downloads.html 下载资源包，然后运行以下命令：

```
> tar -xzf kafka_2.11-0.9.0.0.tgz
> cd kafka_2.11-0.9.0.0
```

Kafka 需要搭建 ZooKeeper。可以使用现有的 ZooKeeper 环境配置并将其与 Kafka 集成，或者可以使用快速启动与前面 Kafka 搭建中类似的 ZooKeeper Kafka 脚本。可以运行以下命令：

```
> bin/zookeeper-server-start.sh config/zookeeper.properties
[2015-07-22 15:01:37,495] INFO Reading configuration from:config/zookeeper.properties (org.apache.zookeeper.server.quorum.QuorumPeerConfig)
```

一旦 ZooKeeper 启动就绪并且运行，就可以启动运行 Kafka 服务器：

```
> bin/kafka-server-start.sh config/server.properties
[2015-07-22 15:01:47, 028] INFO Verifying properties (kafka.utils.VerifiableProperties)
```

```
[2015-07-22 15:01:47,051] INFO Property socket.send.buffer.bytes is overridden
to 1048576 (kafka.utils.VerifiableProperties)
```

使 Kafka 启动运行后,下一步是创建一个 Kafka 主题:

```
> bin/kafka-topics.sh --create --zookeeper localhost:2181 --replication- factor
1 --partitions 1 --topic test
```

创建主题后,可用以下命令验证主题:

```
> bin/kafka-topics.sh --list --zookeeper localhost:2181
Test
```

在这里,创建了一个名为 Test 的主题,其中复制因子保持为 1 并且主题具有单个分区。

现在设置发布消息,将在命令行运行 Kafka 生产者:

```
> bin/kafka-console-producer.sh --broker-list localhost:9092 --topic test
This is message 1
This is message 2
```

现在可以在命令行让消费者消耗这些消息。命令行添加一个 Kafka 消费者,将消息转储到标准输出:

```
> bin/kafka-console-consumer.sh --zookeeper localhost:2181 --topic test
--from-beginning
This is message 1
This is message 2
```

Kafka 搭建好后,重新回到 Storm,下面将探讨 Storm 和 Kafka 的集成工作。

3.2.2 Storm 的其他输入数据源

在前面的例子中,已经看到了数据与 Storm 集成,其中之一是 3.2.1 节讨论过的 Kafka。在 Storm 范例中的字词计数拓扑(在第 2 章中详细介绍过)没有使用任何数据源进行输入。作为替代方案,硬编码一些句子到 Spout 程序里并作为待处理数据被发送到拓扑。这可能适合用例测试和样例示范,但并不符合真实世界的实现预期。在几乎所有真实世界的实现中,Storm 必须将实况事件的数据流馈送到拓扑中。可以有各种各样能与 Storm 集成的输入数据源。仔细观察一下代码段,看看可用什么方式来配合 Storm 提供数据。

1. 以文件作为输入数据源

可以使用 Storm 的 Spout 来有效地从文件中读取数据。尽管这不是流应用程序的真正用例,仍可以很好地从文件中将数据读入 Storm,所需要做的是为此写一个自定义的 Spout。
以下是实现有关功能的代码段,后面会有所解释。

```java
/**
 * This spout reads data from a CSV file.
 */
public class myLineSpout extends BaseRichSpout {
  private static final Logger LOG = LoggerFactory.getLogger(myLineSpout.class);
  private String fileName;
  private SpoutOutputCollector _collector;
  private BufferedReader reader;
  private AtomicLong linesRead;

  /**
   * Prepare the spout. This method is called once when the topology is submitted
   * @param conf
   * @param context
   * @param collector
   */
  @Override
  public void open(Map conf, TopologyContext context, SpoutOutputCollector collector) {
    linesRead = new AtomicLong(0);
    _collector = collector;
    try {
      fileName= (String) conf.get("myLineSpout.file");
      reader = new BufferedReader(new FileReader(fileName));
      // read and ignore the header if one exists
    } catch (Exception e) {
      throw new RuntimeException(e);
    }
  }
}
```

```
...
/**
 * Storm will call this method repeatedly to pull tuples from the spout
 */
@Override
public void nextTuple() {
  try {
    String line = reader.readLine();
    if (line != null) {
      long id = linesRead.incrementAndGet();
      _collector.emit(new Values(line), id);
    } else {
      System.out.println("Finished reading file, " + linesRead.get() +
      " lines read");
      Thread.sleep(10000);
    }
  } catch (Exception e) {
    e.printStackTrace();
  }
}
...
```

前面的代码实例包含了 **myLineSpout** 类中两个非常重要的代码段,它们从指定的CSV文件中逐行读取数据：第一个代码段是在初始化 Spout 时执行的 open()方法，在 open()方法中，读取文件名和设置文件读取器；第二个代码段是 nextTuple()方法，该方法每次执行时从文件读取新数据。在这里，实际上是从文件中读取行数据并将它们发送到拓扑。这种方式简单直接。建议尝试调整已建立的字词计数 Storm 实例，将其中的代码内置数据改为从文件读取并执行拓扑。

2. 以套接字作为输入数据源

与文件类似，可以使用 Storm 的 Spout 来有效地从套接字读取数据。这里是自定义套接字 Spout 的代码片段。同样地，以 open()和 nextTuple()作为数据读取的两个重要方法。有关代码如下：

```
public class mySocketSpout extends BaseRichSpout{
    ...
        public void open(Map conf,TopologyContext context,
```

```
            SpoutOutputCollector
collector){
    _collector=collector;
    _serverSocket=new ServerSocket(_port);
}
public void nextTuple(){
    _clientSocket=_serverSocket.accept();
    InputStream incomingIS=_clientSocket.getInputStream();
    byte[] b=new byte[8196];
    int len=b.incomingIS.read(b);
    _collector.emit(new Values(b));
 }
}
```

在 open()方法中，实例化并创建服务器套接字。在 nextTuple()方法中，获取传入的字节，然后将它们发送到拓扑。

3.2.3 Kafka 作为输入数据源

因为 Storm 有一个 Kafka 专用的 Spout，所以将其作为输入数据源很直接而且易于上手。可通过以下代码段来理解在字词计数实例中的功能实现。

```
public StormTopology buildTopology(...) {
  SpoutConfig kafkaConfig = new SpoutConfig(abc,TOPIC_NAME,
    "192.168.213.85","storm");
  kafkaConfig.scheme = new SchemeAsMultiScheme(new StringScheme());
  TopologyBuilder builder = new TopologyBuilder();
  builder.setSpout(WORD_COUNTER_SPOUT_ID, new KafkaSpout(kafkaConfig), 1);
  ...
  return builder.createTopology();
}
```

在上面的代码段中，创建了一个拓扑，其中包括：

- ❏ 实现 Kafka 的配置，其中包括指定主题名称、Kafka 代理的主机 ID 以及 Spout 标识符。
- ❏ 定义了样式的细节信息。
- ❏ 在拓扑生成器中设置 Spout 以及其他 Bolt。
- ❏ 注意将所有拓扑组成连接到一起的实际代码段。

第 3 章 用 Storm 处理数据

再看以下代码：

```
public static void main(String[] args) throws Exception {
...
KafkaStormTopoLogy kafkaStormTopoLogy = new KafkaStormTopoLogy(kafkaZk);
...
StormTopology stormTopology = kafkaStormTopoLogy.buildTopology(wn, wc, pb);
String dockerIp = args[1];
List<String> zList = new ArrayList<String>();
zList.add(ZKNODE1);
// configure how often a tick tuple will be sent to our bolt
config.put(Config.TOPOLOGY_TICK_TUPLE_FREQ_SECS, 30);
config.put(Config.NIMBUS_HOST, dockerIp);
config.put(Config.NIMBUS_THRIFT_PORT, 6627);
config.put(Config.STORM_ZOOKEEPER_PORT, 2181);
config.put(Config.STORM_ZOOKEEPER_SERVERS, zList); config.setNumWorkers(1);
try {
System.out.println("Submitting Topology...");
StormSubmitter.submitTopology (TOPOLOGY_NAME, config,
        stormTopology);
System.out.println("Topology submitted successfully !! ");
   ...
   }
```

前面的代码段属于常规拓扑提交，不需要再深入解释。唯一值得注意的是，计数元组（tick tuple），当想要拓扑以所述间隔做某事时，它会是一个非常方便的工具。举例来说，有一个 Bolt 从缓存加载数据，想要 Bolt 每隔 30 秒从缓存刷新一下，就可以在拓扑中生成 tick_tuple 事件满足此种需求，该工作可在拓扑配置时做好：

```
config.put(Config.TOPOLOGY_TICK_TUPLE_FREQ_SECS, 30);
```

在 Bolt 中可以识别出这个特殊事件，达到匹配情况时即可执行必要的操作：

```
return tuple.getSourceComponent().equals(Constants.SYSTEM_COMPONENT_ID)
&& tuple.getSourceStreamId().equals(Constants.SYSTEM_TICK_STREAM_ID);
```

3.3 数据处理的可靠性

Storm 的独特卖点之一是对消息处理的保障，这让它成为十分有利的解决方案。尽管如此，程序员仍需要做一定的建模工作来确定是否采用 Storm 所提供的可靠性支持。

首先非常有必要了解元组发送到拓扑的情况以及拓扑所对应 DAG（有向非循环图）的构造方式。图 3.6 显示了这种场景的典型案例。

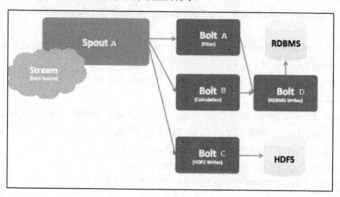

图 3.6

这里的拓扑功能非常清楚：每个发送的元组必须经过过滤、计算再写入 HDFS 和数据库。现在，看一下单个元组发送到拓扑中对于 DAG 的影响。

发送到拓扑中的每个单个元组移动情况如下所示：

❑ Spout A - > Bolt A - > Bolt D - >数据库
❑ Spout A - > Bolt B - > Bolt D - >数据库
❑ Spout A - > Bolt C - > HDFS

因此，来自 Spout A 的一个元组经过第一步复制后得到三个元组，再分别将其移动到 Bolt A、Bolt B 和 Bolt C 的三个元组中。在下一步骤里，元组数量没变，单个元组经过响应计算后依然输出单个元组（出入都是 3 个元组，总共 3 + 3 = 6 个元组）。在 Bolt D 的下一步骤中，两个流被连接，所以看上去它消费元组后只发送了一个，因此会有 6 + 1 = 7 个元组。

因此，对于成功处理的一个事件，基于拓扑、并行性和分组的情况下，Storm 必须在内部生成、传播和管理多个元组。在前面的例子中，假设所有包含其中的执行组件的并行性为 1，并且 Bolt 和 Spout 都已分组绑定。这样就非常简单明了地说明了有关过程。

另一个值得注意的问题是，为了确认事件已成功处理，正在执行该元组 DAG 中的 Storm 要从所有节点接收到 ack()。Storm 中配置了 Config.TOPOLOGY_MESSAGE_TIMEOUT_SECS 时间参数（默认值为 30 秒），所有的 ack() 都应在该时间范围内到达。如果 ack() 在 30 秒内没有发生，Storm 会视为执行失败并将该元组重新发送到拓扑中。

基于拓扑的设计方式会重放失败消息。如果使用锚定方式创建可靠的拓扑，则 Storm 会重放所有失败的消息。在不可靠拓扑（如名称所示）的情况下，重放不会发生。

3.3.1 锚定的概念和可靠性

至此，相信读者已经很好地理解了 nextTuple()方法在 Spout 中的功能。它在数据处获取变得可用的下一个事件，并将其发送到拓扑中。 Spout 的 open()方法保存了 Spout 收集器的定义，这个收集器从 Spout 实际发送元组到拓扑中。每个由 Spout 发送到拓扑中的元组/事件都以消息 ID 标记，消息 ID 是元组的标识符。每当 Spout 将消息发送到拓扑中时，将使用 messageId 对其进行标记，代码如下所示：

```
_collector.emit(new Values(...),msgId);
```

这个 messageId 标签实际上是元组的标识符。在 Storm 通过 Bolt 分支来播放元组时，会使用此 messageID 来跟踪和标记元组。

如果事件通过 DAG 成功播放，它就得到确认。请注意，元组的确认是在 Spout 层次由发送元组的 Spout 来完成的。如果元组超时，那么始发 Spout 会对元组执行 fail()方法。

现在，需要了解一个关于重放非常重要的方面。需要考虑的问题是，"Storm 如何重放已经发送的元组？" 答案是，Spout 从队列中读取元组，但元组仍保留在队列中直到它成功地被播放；然后一旦接收到 ack()，Storm 就将到队列确认该元组，从而删除它；而在 fail()的情况下，消息被排队后重回队列以供消耗和重放。

如图 3.7 所示，失败的元组被传送回到 Spout，并且被排回队列中。当消息通过 Spout 从队列中读取时，它们被标记为未确认状态。在此期间，它们仍然在队列中，但不可由其他 Spout/拓扑/客户端读取。如果这样的未确认消息通过拓扑被成功地播放，则它被确认并从队列中移除。如果事件无法通过拓扑完成其执行，则认为它已失败并重新排队，并可再次使用到 Spout。

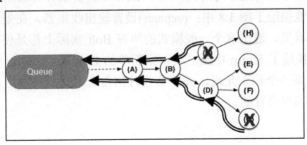

图 3.7

要注意最重要的一点是锚定。它标记了 DAG 的所有边并通过它来播放元组。锚定是拓扑中进行连线的开发人员的选择，但 Storm 只能在锚定的拓扑中重播消息。现在，要提出的两个逻辑问题是：

- 如何在执行期间沿拓扑的 DAG 锚定元组？
- 为什么开发人员会创建一个非锚定拓扑？

下面逐一回答上述问题。锚定相当简单。开发人员应该认识到从 Bolt 和 Spout 发送元组是一样的。这里有两个代码段将其表示得非常清楚：

```
_collector.emit(new Values(word));
```

上面的代码片段是来自不可靠拓扑的未锚定版本，其中元组在失败的情况下不能被重放。

```
//simple anchoring
_collector.emit(new Values(1, 2, 3),msgID);
List<Tuple> anchors = new ArrayList<Tuple>();
anchors.add(tuple1);
anchors.add(tuple2);
//multiple anchoring output tuple is anchored to two
//input tuples viz tuple1 and tuple2
_collector.emit(anchors, new Values(1, 2, 3));
```

第二段代码表示了锚定版本，其中使用锚列表将元组绑在一起，并且在有任何故障的情况下，该可靠拓扑都将能够重放所有事件。

现在来解答第二个问题，拥有锚定和可靠拓扑，在通过拓扑传播的记录保存和消息容量方面有些耗费带宽资源。考虑到一些不需要可靠性的场景的存在，因此不用锚定的不可靠拓扑也自有存在价值。

Storm 中的 Bolt 可以大致分为两类：基本 Bolt 和负责聚合与联结的 Bolt。基本 Bolt 简单明了，被清楚地描绘于图 3.8 中：prepare()设置输出收集器，在处理完元组之后立即将它们发送到收集器里。遵循这个一般模式的所有 Bolt 实际上都是使用 IBasicBolt 接口实现的。图 3.8 还描绘了 Storm 中第二类不太简单的 Bolt，这些 Bolt 执行聚合与联结等任务。元组被锚定到多个输入元组，并于某些时刻在延迟之后被发送，延迟时间是在诸如聚合的情况下预编程设置的。

第 3 章 用 Storm 处理数据

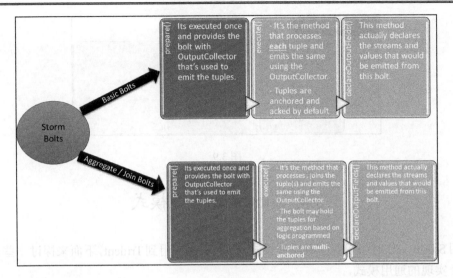

图 3.8

现在已经了解到 Storm 的可靠性，下面来谈谈其中最重要的组件，这些作为确认者 acker 进程的组件确保关于确认或故障的所有更新均成功到达 Spout。

3.3.2 Storm 的 acking 框架

了解 Storm 可靠性后继续讨论其中最重要的组件，其能确保关于确认或故障的所有更新成功到达 Spout。它们就是确认者进程。这些是与 Spout 和 Bolt 共存的轻量级任务，并且负责将所有成功执行的消息发送到 Spout。在那里，数量由 Storm 配置中名为 TOPLOGY_ACKER_EXECUTORS 的属性来控制：在默认情况下，这个属性值等于拓扑中定义的工作者数量。如果拓扑在较小的 TPS（事务处理系统的简称）下工作，则应减小此数量。然而，对于高 TPS 的拓扑应增加此数量，以便配合到达和处理的速率及时确认元组。

确认者进程遵循以下算法来跟踪元组树的完成情况，其中由拓扑播放每个元组：
- ❏ 保存元组树的校验哈希值。
- ❏ 对于每个执行过的元组，与元组树的校验哈希值做 XOR 操作。

如果元组树中的所有元组都被确认，则校验和将为 0；否则，它将是非零值，后者表示拓扑中的故障。这种工作主要是使用计数元组来驱动和控制。

图 3.9 显示了 acker 进程的工作流程。注意它有一个包含收支总账或 rotateMap 的记录保存组件，整个工作流程基于计数元组控制实现。

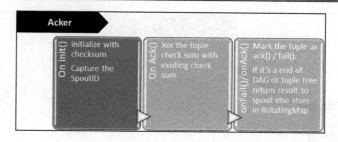

图 3.9

3.4 Storm 的简单模式

用 Storm 工作时可以有多种实现模式。在本章尚未用到 Trident，下面来探讨一些 Storm 里拓扑实现的通用模式。

3.4.1 联结

联结（join）是最常见的模式。顾名思义，来自两个或更多个不同流的输出在某一公共字段联结，并且作为单个元组发送。在 Storm 中使用字段分组有效实现了此模式，这就确保了所有具有相同字段值的元组被发送到相同的任务中。图 3.10 和代码段实现了其中要点：

```
TopologyBuilder builder = new TopologyBuilder();
builder.setSpout("gender", genderSpout);
builder.setSpout("age", ageSpout);
builder.setBolt("join", new SingleJoinBolt(new Fields("gender", "age"))).
fieldsGrouping("gender", new Fields("id"))
.fieldsGrouping("age", new Fields("id"));
```

这里使用字段分组来有效实现功能，确保所有具有同样字段值的元组由联结 Bolt 发送。

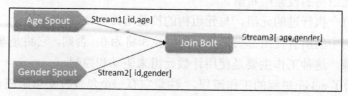

图 3.10

在这里，有两个流从性别 Spout（Age Spout）和年龄 Spout（Gender Spout）两个 Spout 到达，它们拥有共同字段 id，两个流经由联结 Bolt 联结后，作为拥有年龄和性别字段的一个新流发送出去。

3.4.2 批处理

批处理是另一种十分常见的模式，在必须批量持有和处理的情况下发挥作用。下面通过举例来更好地理解它：假设有一个 Storm 应用程序需要将元组转储到数据库中，为了有效利用网络带宽，希望数据库以 100 批量写入。除应用事务性 Trident 拓扑之外，最简单的机制是将记录保存到本地实例数据结构中，同时跟踪计数并批量写入数据库。一般可以执行两种不同的批处理。

- 基于计数的批处理：根据计数来创建批处理。在 prepare()方法中初始化简单计数值，元组到达时在 execute()方法中递增计数值，这个计数值可以用于批处理跟踪。
- 基于时间的批处理：根据时间来创建批处理。以一个 5 分钟的批处理为例，如果要保持实现简单，将创建一个机制，每 5 分钟发出一个计数元组到拓扑中去。

3.5 Storm 的持久性

现在已非常了解 Storm 及其内部结构，下面继续探讨 Storm 的持久性。所有的计算和代码业已完成，这时将计算结果或中间参考数据存储到数据库或一些持久存储中的工作就显得非常重要。既可以选择编写自己的 JDBC Bolt，也可以使用 Storm 持久性所提供的实现工具。

先从写自己的 JDBC 持久化程序开始。一旦理解了其中的细节，就能明白并用好 Storm 所提供的实现工具。假设要在收费站设置软件系统来监测车辆的排放指标，并跟踪排放超过规定限额的车辆细节。

如图 3.11 所示，这里，所有的车辆细节和它们的排放物信息保存在文件里，由文件读取器 Spout 来读取。Spout 读取记录后将其馈送到拓扑中，由解析器 Bolt 消耗，将记录转换为 POJO 并将其移交给数据库 Bolt。此 Bolt 检查排放阈值，如果超过规定限制，则记录将保留到数据库中。

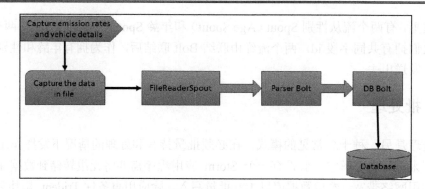

图 3.11

以下显示了输入拓扑的文件信息段落:

```
#Vehicle Registration number, emission rate, state
UP14 123, 60, UP
DL12 2653, 70, DELHI
DL2C 2354, 40, DELHI
```

接着是通过设置与数据库的连接来处理数据库部分和持久化的代码段。在这里,使用 MySQL 数据库作为简化应用。实际上,Storm 既适用于如 Oracle 或 SQL Server 这样的 SQL 存储(如服务器),也适用于如 Cassandra 的 NoSQL 存储。参考代码段如下:

```
try
{
Connection driverManager.getConnection(
 "jdbc:mysql://"+databaseIP+":"+databasePort+"/"+databaseName,
userName, pwd);
connection.prepareStatement("DROP TABLE IF EXISTS "+tableName).execute();

StringBuilder createQuery = new StringBuilder(
"CREATE TABLE IF NOT EXISTS "+tableName+"(");
for(Field fields : tupleInfo.getFieldList())
{
if(fields.getColumnType().equalsIgnoreCase("String"))
createQuery.append(fields.getColumnName()+" VARCHAR(500),");

connection.prepareStatement(createQuery.toString()).execute();
```

```
// Insert Query
StringBuilder insertQuery = new StringBuilder("INSERT INTO"
+tableName+"(");
String tempCreateQuery = new String();
for(Field fields : tupleInfo.getFieldList())
{
insertQuery.append(fields.getColumnName()+",");
}
...

prepStatement = connection.prepareStatement(insertQuery.toString());
}
```

在上面的代码段中,实际上使用查询构建器创建了一个准备声明,并将字段添加到模板中。

后面的代码段实际上呈现了格式化并执行插入查询的操作,其方法是用来自元组的实际值填充模板,形成批量化事件,并在达到批量大小要求后将其写入数据库。有关代码如下所示:

```
if(tuple!=null)
{
List<Object> inputTupleList = (List<Object>) tuple.getValues();
int dbIndex=0;
for(int i=0;i<tupleInfo.getFieldList().size();i++)
{
Field field = tupleInfo.getFieldList().get(i);
...
if(field.getColumnType().equalsIgnoreCase("String"))
prepStatement.setString(dbIndex, inputTupleList.get(i).toString());
else if(field.getColumnType().equalsIgnoreCase("int"))
prepStatement.setInt(dbIndex,
Integer.parseInt(inputTupleList.get(i).toString()));
...
...
else if(field.getColumnType().equalsIgnoreCase("boolean"))
prepStatement.setBoolean(dbIndex,
Boolean.parseBoolean(inputTupleList.get(i).toString()));
...
```

```
...
Date now = new Date();
try
{
prepStatement.setTimestamp(dbIndex+1, new
java.sql.Timestamp(now.getTime()));
prepStatement.addBatch();
counter.incrementAndGet();
if (counter.get()== batchSize)
executeBatch();
}
...

}
public void executeBatch() throws SQLException
{
batchExecuted=true;
prepStatement.executeBatch();
counter = new AtomicInteger(0);
}
```

下一步是将所有的 Spout 和 Bolt 连接在一起,以便看到实际的拓扑:

```
MyFileSpout myFileSpout = new MyFileSpout();

ParserBolt parserBolt = new ParserBolt();
DBWriterBolt dbWriterBolt = new DBWriterBolt();
TopologyBuilder builder = new TopologyBuilder();
builder.setSpout("spout",myFileSpout,1);
builder.setBolt("parserBolt",parserBolt,1).shuffleGrouping("spout");
builder.setBolt("dbWriterBolt",dbWriterBolt,1).shuffleGrouping("thres
holdBolt");
```

前面的代码段实际上已可作为一个自己动手的模板,读者可以尝试自行执行这个拓扑。

下面介绍 Storm 的 JDBC 持久性框架。

前面介绍了 Storm 持久性的代码实现,现在将探讨 Storm 提供的持久性程序框架,这个框架可为开发人员节约大量工作。使用这个基于模板的框架,可以快速将持久性结合到 Storm 拓扑中。

该框架的一些关键组成部分如下。

❑ **ConnectionProvider 接口**：该接口方便了用户驱动连接池的使用。默认情况下，Storm 持久性框架支持 HikariCP 的实现。

❑ **JdbcMapper 接口**：这是将元组基本映射到表列的主要组件。SimpleJDBCMapper 是一个立即可用的简单实现。以下来自 Storm 范例的代码段包含更多具体实现：

```
Map hikariConfigMap = Maps.newHashMap();
hikariConfigMap.put("dataSourceClassName","com.mysql.jdbc.jdbc2.
optional.MysqlDataSource");
hikariConfigMap.put("dataSource.url",
 "jdbc:mysql://localhost/ test");
hikariConfigMap.put("dataSource.user","root");
hikariConfigMap.put("dataSource.password","password");
ConnectionProvider connectionProvider = new
HikariCPConnectionProvider(hikariConfigMap);
String tableName = "user_details";
JdbcMapper simpleJdbcMapper = new SimpleJdbcMapper(tableName,
onnectionProvider);
```

然后，使用 JDBCLookupbolt 从数据库读取，再用 JDBCInsertBolt 将数据插入数据库。下面是有关功能一起发挥作用的参考代码：

```
JdbcLookupBolt departmentLookupBolt = new JdbcLookupBolt(
connectionProvider, SELECT_QUERY, this.jdbcLookupMapper);
// must specify column schema when providing custom query.
List<Column> schemaColumns = Lists.newArrayList(new
Column( "create_date", Types.DATE), new Column("dept_name",
Types.VARCHAR), new Column("user_id", Types.INTEGER),
new Column("user_name", Types.VARCHAR));
JdbcMapper mapper = new SimpleJdbcMapper(schemaColumns);
JdbcInsertBolt userPersistanceBolt = new JdbcInsertBolt( connectionProvider,
mapper).withInsertQuery("insert into user (create_date, dept_name, user_
id, user_name) values (?,?,?,?)");
// userSpout ==> jdbcBolt
TopologyBuilder builder = new TopologyBuilder(); builder.setSpout(USER_SPOUT,
this.userSpout, 1); builder.setBolt(LOOKUP_BOLT, departmentLookupBolt,1).
shuffleGrouping(USER_SPOUT);
builder.setBolt(PERSISTANCE_BOLT, userPersistanceBolt,1). shuffleGrouping
(LOOKUP_BOLT);
```

这里提供的代码段中仅使用 Storm 持久性框架提供的 Bolt 将数据写入数据库。Spout 发送元组以插入 Bolt，其中元组值被映射到插入查询的字段中，然后查找 Bolt 获取部门值，最终由持久性 Bolt 将数据插入表中。

 下载示例代码

用户可以从 http://www.packtpub.com 的账户下载本书的示例代码文件。如果在其他地方购买本书，则可以访问 http://www.packtpub.com/support 并注册以取得文件直接发送给您。

用户可以通过以下步骤下载代码文件：

- 使用电子邮件地址和密码登录或注册。
- 将鼠标指针悬停在顶部的支持（SUPPORT）选项卡上。
- 单击代码下载和勘误（Code Downloads&Errata）选项。
- 在搜索框中输入书籍的名称。
- 选择要下载代码文件的书籍。
- 从购买此图书的下拉菜单中选择。
- 单击代码下载（Code Download）。

下载文件后，请确保使用以下最新版本解压缩或解压缩文件夹：

- 适用于 Windows 的 WinRAR / 7-Zip
- 适用于 Mac 的 Zipeg / iZip / UnRarX
- 适用于 Linux 的 7-Zip / PeaZip

3.6 本章小结

本章重点在于让读者熟悉 Kafka 及其基础知识。此外，还整合了 Kafka 和 Storm，探索了 Storm 的文件和套接字等其他数据源，然后介绍了可靠性和锚定等概念，还对 Storm 的联结和批处理模式建立了理解。最后，通过 Storm 与数据库的集成，了解并实现了 Storm 中的持久性。本章介绍了一些动手练习示例，建议读者自行尝试实现。

在第 4 章中将介绍作为 Storm 扩展而构建的 Trident 抽象，用于提供事务和小微批处理功能，还将探求 Lmax、ZeroMQ 和 Netty 内部机制，并学习 Storm 的优化之道。

第 4 章 Trident 概述和 Storm 性能优化

在本章,将熟悉 Storm 的 Trident 框架,然后开始 Storm 优化的旅程——熟悉影响 Storm 作业性能的各种参数,并提出识别和调整相关参数的建议,还将研究在行业范围内用于 Storm 监测和基准测试的工具。

- ❏ Trident 框架
- ❏ 状态管理
- ❏ 了解 LMAX
- ❏ Storm 节点间通信(ZeroMQ 与 Netty)
- ❏ 了解 Storm UI
- ❏ 优化 Storm 性能

4.1 使用 Trident

在本书中将 Storm 描述为一套高性能、实时流计算工具的解决方案。但在现实中,所有实时用例都并非实时,它们只是实时地延伸和使用微小批处理的合并。先给出一些例子予以说明。

假设想知道前五名业绩最佳的股票名称,此数据应反映过去 10 分钟的股票业绩。此外,还想知道过去 5 分钟脸书上最受欢迎的照片是哪张。

有许多场景需要以小单元批量方式处理实时流数据及满足类似的计算需求,因此需要对 Storm 进行扩展。

Trident 像 Storm 一样最初源于推特旗下的技术。在高层次看来,它是在 Storm 框架顶部的扩展和抽象,具有批量处理、状态化处理和流数据查询这些额外功能。Trident 允许用户针对流式数据、按计数/时间分配执行查询,并且其分布式的执行特性体现出很高的性能。

Trident 具有过滤器、联结和聚合等广泛的功能,包含可为小微批处理时间窗问题创建优秀解决方案所需的所有工具。像 Storm 一样,Trident 也使用 Spout 和 Bolt,但 Trident 抽象层在拓扑执行之前自动生成它们。

4.1.1 事务

Trident 执行的事务实际上是将数据分块为批处理，故而它与 Storm 的主要区别在于：Storm 对元组逐一进行处理，而 Trident 在将元组批量化为事务之后再处理这些事务。从概念上讲，这些事务与数据库事务非常相似：

- 每个事务都有一个事务 ID。
- 事务通过执行 beginCommit 开始。
- 在批处理中的所有事件成功执行后，该事务被标记为成功。
- 如果事务的任何事件/元组处理失败，则整个批处理将回滚并重新排队以待重新执行。
- 在成功执行后以确认提交方式结束。

4.1.2 Trident 拓扑

Trident 抽象后公开有一套 API，可为开发人员提供创建拓扑类的支持。在代码段中将使用该框架提供的 TridentTopology 类。在深入介绍之前，先在 Storm 和 Trident 间比较一下，以便更好地理解 Trident 中的概念：

- Storm 的拓扑中，Bolt 执行由 Spout 发送来的每个元组。
- Trident 的拓扑在输入流上按顺序执行过滤、聚合、分组等操作。
- Storm 元组是单个事件，而 Trident 元组是批量事件/事务。
- 在 Storm 中，计算/处理发生在 Bolt 的 execute()方法中。而在 Trident 中，计算/处理以操作的方式发生。

简单 Trident 拓扑可以使用以下代码段生成：

```
TridentTopology myTridentTopology = new TridentTopology();
```

1. Trident 元组

对前面的类比扩展一下，Trident 元组可以被描述为 Trident 拓扑能够处理的单个数据单元。在 API 里它被公开为一个接口 TridentTuple，由其组成拓扑的数据模型。

2. Trident spout

在基本术语中，相对于在 Storm 使用的 IRichSpout，Trident 中 Spout 有一些额外的功能。其中之一是事务特征的展示。此处将使用 API 所提供的名为 ITridentSpout 的接口来扩展。Trident 提供了多种通用 Spout 和一些样例 Spout。例如，FeederBatchSpout 为批处理命名元组列表，并将其发布到拓扑中：

```
TridentTopology myTridentTopology = new TridentTopology();
FeederBatchSpout myTestSpout = new FeederBatchSpout(ImmutableList.of
("fromMobile", "toMobile", "duration"));
myTridentTopology.newStream("fixed-batch-spout", myTestSpout);
myTestSpout.feed(ImmutableList.of(new Values("981100000", "9800110011",
200))); // from Mobile No, To Mobile No, duration in ms
```

在这里，创建了一个简单的 Trident 拓扑实例，并将名为 myTestSpout 的 FeederBatchSpout 的新实例添加到其中，然后将一个单一元组送入 myTestSpout 实例。

4.1.3 Trident 操作

如前所述，Trident 中的处理/执行单元是一种操作，其实际上处理 Trident 元组构成的输入流，具有丰富强健的操作集，可对流数据执行广泛多样、简单或复杂的计算。 在下一节中，将介绍一些常用的 Trident 操作。

1. 合并和联结

合并和联结操作用于将一个或多个流组合成单一流。它调用合并函数来操作。联结同数据库连接相似，使用来自两侧的 Trident 元组字段来核查，然后联结这两个流：

```
TridentTopology myTridentTopology = new TridentTopology();
myTridentTopology.merge(stream1, stream2, stream3);
myTridentTopology.join(stream1, new Fields ("key"), stream2, new Fields("x"),
new Fields("key", "a", "b", "c"));
```

2. 过滤器

此操作的功能名副其实，通常在验证输入的情况下使用。 在有输入的情况下，Trident 过滤器获取 Trident 元组字段的子集，并且根据某些条件是否满足返回布尔值 true 或 false。在 true 情况下元组保留在输出流中，而在 false 情况下元组被丢弃。这里的代码段提供了有助于读者理解的有关示例：

```
public class MyTestFilter extends BaseFilter {
    public boolean isKeep(TridentTuple tuple) {
        return tuple.getInteger(1) % 2 == 0;
    }
}
```

```
//输入
[1, 4]
[1, 5]
[1, 8]
//输出
[1, 4]
[1, 8]
```

下面是表示对每个 Trident 元组进行相同拓扑调用的参考代码段:

```
TridentTopology myTidentTopology = new TridentTopology();
myTidentTopology.newStream("spout", spout).each(new Fields("a", "b"),
    new MyTestFilter())
```

3. 函数

函数继承自 BaseFunction 类并在单个 Trident 元组上执行。其关键特性为可以接受单个输入值并发送零个或多个元组作为输出。函数操作的输出附加到输入元组的尾部后再一起发送到输出流:

```
public class MyTestFunction extends BaseFunction {
    public void execute(TridentTuple tuple, TridentCollector collector) {
        int a = tuple.getInteger(0);
        int b = tuple.getInteger(1);
        collector.emit(new Values(a + b));
    }
}

//输入
[1, 2]
[1, 3]
[1, 4]

//输出
[1, 2, 3]
[1, 3, 4]
[1, 4, 5]
```

下面是表示对每个 Trident 元组进行相同拓扑调用的参考代码段:

```
TridentTopology myTidentTopology = new TridentTopology();
```

```
myTidentTopology.newStream("spout", spout).each(new Fields("a, b"),
  new MyTestFunction(), new Fields("d")));
```

4. 聚合

聚合是基本的 Trident 操作，其对输入 Trident 批处理（事务）、流或分区执行聚合或合并的操作。图 4.1 显示了三种 Trident 聚合操作的情况。

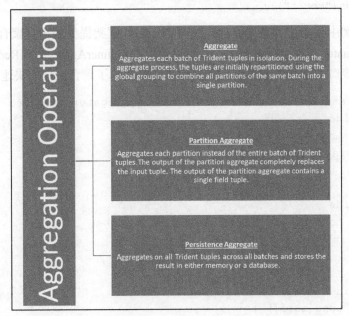

图 4.1

下面是表示 Trident 框架所提供聚合操作的易于理解的代码段：

```
TridentTopology myTidentTopology = new TridentTopology();

// aggregate operation
myTidentTopology.newStream("MySpout", spout)
    .each(new Fields("a, b"),new MyFunction(), new Fields("d"))
    .aggregate(new Count(), new Fields("count"))

// partitionAggregate operation
myTidentTopology.newStream("MySpout", spout)
    .each(new Fields("a, b"), new MyFunction(), new Fields("d"))
```

```
    .partitionAggregate(new Count(),new Fields("count"))

// persistentAggregate - saving the count to memory myTridentTopology.
 newStream("MySpout", spout)
    .each(new Fields("a", "b"), new MyFunction(), new Fields("d"))
    .persistentAggregate(new MemoryMapState.Factory(), new Count(),
new Fields("count"));
```

在前面示例中使用了计数聚合器。这是 Trident 框架提供的内置聚合器之一，使用 CombinerAggregator 实现。作为替代方案，也可使用 CombinerAggregator、ReducerAggregator 或通用聚合器接口来创建聚合操作。下面的代码段表示了聚合操作的快速实现：

```
public class Count implements CombinerAggregator<Long> {
  @Override
  public Long init(TridentTuple tuple) {
    return 1L;
  }

  @Override
  public Long combine(Long val1, Long val2) {
    return val1 + val2;
  }

  @Override
  public Long zero() {
    return 0L;
  }
}
```

5. 组合

Trident 框架的这些操作类似于关系模型中的 groupBy 操作，唯一的区别在于这些操作对来自输入源的元组流执行，而在关系数据库中它们对表中的记录执行。

这是一个通过调用 groupBy()方法执行的内置操作。这一方法通过在指定字段上执行 partitionBy 操作来重新分配输入流。完成后在每个分区内相同组字段的元组都组合在一起。示例代码如下：

```
TridentTopology myTridentTopology = new TridentTopology();
// persistentAggregate - saving the count to memory
```

```
myTridentTopology.newStream("spout", spout)
   .each(new Fields("a", "b"), new MyFunction(), new Fields("d"))
   .groupBy(new Fields("d"))
   .persistentAggregate(new MemoryMapState.Factory(), new Count(),
    new Fields("count"));
```

6. 状态维护

Trident 的关键特性之一是提供了一种机制，这种机制下，在拓扑中、缓存中或单独的数据库中存储状态信息。 这是框架所提供的必不可少的功能，因为如果元组执行失败必须保证它能被重放。由于执行是批处理的，所以整个事务必须回滚并重放。通常建议开发人员创建小批量的元组，其中每个批量都用唯一的 ID 标记。系统以有序的方式维护和执行批处理的更新。

样例实践涵盖了 Trident 的各个方面。在接下来的部分将讨论 Storm 内部实际上决定其性能的关键点。

4.2 理解 LMAX

对 Storm 速度有贡献的一个关键方面是 LMAX disruptor（粉碎器）于队列处理的应用。在前面章节中曾经谈过此类话题，而现在将更深入一些。为能把握好 LMAX 在 Storm 中的使用，首先要熟悉交换平台 LMAX。

稍微重申一下前面章节中有关 Storm 内部通信的内容：
- 在同一个工作者上执行的不同进程内的通信（换句话说，在单个 Storm 节点上的线程间通信）：Storm 框架的设计很适合 LMAX disruptor 应用。
- 同一节点上不同工作者间在该节点内的通信（这里可以使用 ZeroMQ 或 Netty）。
- 两个拓扑之间的通信通过外部和非 Storm 机制实现，比如队列（像 RabbitMQ、Kafka 等）或分布式缓存机制（像 Hazelcast、Memcache 等）。

基本上 LMAX 在世界范围内是性能最优化的，因此也是迄今为止最快的交易平台。其低延迟、简化设计和高吞吐量已得到普遍认可。那么，是什么关键因素使得 LMAX 粉碎器如此之快而使传统的数据交换系统慢得相形见绌呢？答案在于它的队列。在处理的各个阶段，传统上所有数据交换系统都是在组件之间传递数据。使用队列的同时实际上引入了延迟。着眼于队列的竞争问题，粉碎器通过使用新的环形缓冲粉碎器数据结构来优化/消除了延迟的困扰。实际上这个粉碎器数据结构就是 LMAX 框架的核心。

在核心上，它只是一个由 LMAX 创建的开源 Java 库，主要是关于重用内存及具有纯粹顺序的实质。越对它深入了解，就越被它的简单性和非并发实现所吸引。道理很简单：需要很好地理解硬件才能够充分利用其开发制作出最有效的解决方案来。这里想引用 Martin Fowler 博客上 Henry Petroski 的话：

"计算机软件行业最令人惊讶的成就是它在不断超越计算机硬件行业所取得的稳定和惊人的增长。"

4.2.1 内存和缓存

下面快速重温一下脑海中操作系统的内存组织形象。

图 4.2 描述了带有 SRAM /缓存的主内存以及带有存储缓冲区的三个层次。

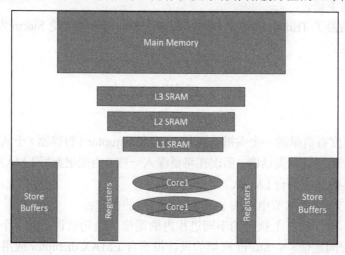

图 4.2

现在，进一步详细说明内核如何使用内存和缓存以及内核之间的数据定位。寄存器最靠近访问的内核，其次是存储缓冲区。这些存储缓冲区按照执行的顺序来为存储器访问消除歧义。通常，来自先前操作的操作数和中间结果从寄存器移动过来以配合操作数。如果还对通过汇编语言访问内存通道有印象，会有助于回忆起加载和保存寄存器中数据的方式。寄存器数量有限，同时所有数据必须在寄存器中执行处理。因此，在执行指令期间，经常将中间结果/数据加载和装入存储缓冲器中。众所周知的是，这些寄存器最接近核心并且速度最快。所有的缓存在核心外的各个层次上保存数据，所以缓存虽比主内存快，但仍然没有寄存器那么快。

下面通过简单实例来了解这种效率情况。笔者为 6 个项目的迭代处理写指令集（现在假设有 4 个存储缓冲区，并且已有 4 个项目的数据保存在存储缓冲区中，而另外两个项目的数据则保存在存储缓冲器之外）。一般每个应用程序可以访问 4 个存储缓冲区，因此在一个循环中迭代 6 个项目比在两个循环中各迭代 3 个项目要慢（该事实经过基准化测试，可以参考 Martin Thompson 的博客 http://mechanical-sympathy.blogspot.in/）。不只是模块化编程心态，连同上下文切换和加载/卸载造成性能上的损失都令人震惊。在硬件层面，前面已被证实的例子确实有实际意义。建议所有程序员可以更广泛地了解机器内部运作机制，以便更好地发挥硬件效率。这对 LMAX 粉碎器非常重要。

从寄存器移动到存储器会使等待时间从纳秒级增加到微秒级，因此编写代码/指令时应该有意识地努力使得所执行的数据位置更贴近于内核，这会带来执行速度显著提升的效果。

现在再探索一下缓存有关内容，来理解图 4.3 所显示的几个关键方面。

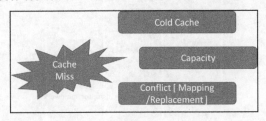

图 4.3

众所周知，缓存错失（Cache Miss）代价很大，理应避免，但人们也知道这种事总会发生的原因。相对缓存容量来说，人们总希望保存更多的数据，因此基于缓存策略（无论多好和高效），必然会发生缓存错失的情况。要以更多的技术术语来说明原因，势必要联系图 4.3 中描述的情况。

❑ 冷缓存（Cold Cache）：这是指被占用、但从未被访问或读取的缓存部分。
❑ 容量（Capacity）：缓存大小有限，因此必须适时驱逐以容纳新数据。类似地，也要考虑算法负载可容纳的数据情况。
❑ 映射/替换冲突（Conflict[Mapping / Replacement]）：这与数据的相连性有关。特定数据必须在特定位置，否则就会丢失。替代的另一种解决方式是驱逐。

另一处值得注意的地方是，当从缓存中读取时，根据架构返回的内容总是 64 位/32 位缓存线。在多处理器设置的情况下，即使处理器实际在访问同一缓存线上的不同数据，处理器之间也存在着缓存线更新内容的竞争情况。

对于高性能，有以下几点需要注意：

- 不要共享缓存线以避免竞争。
- 在数据组织中按顺序来，同时让硬件来完善数据。例如，当在列表中实现迭代时，数据结构是按顺序定义的，因此可以在缓存中被完善。
- GC（垃圾回收机制的缩写）和压缩，特别是老一代的实现方式应该尽量避免。例如编写代码只应用来自 Eden 区新生代的数据。
- 每天重新启动，如此一来不需要压缩。

LMAX 开发方面已考虑到高性能，并设计了名为粉碎器的有趣的数据结构。图 4.4 显示了粉碎器对程序性能的一些关键贡献。

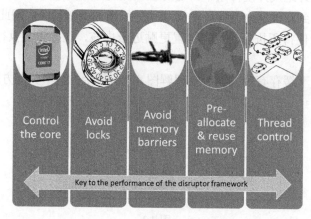

图 4.4

对关键贡献的简要说明如下：
- 控制内核，永远不会将内核释放到核心（从而保持了 L3 缓存）。
- 以非竞争方式编写代码；核心中的上下文切换会导致待锁线程的挂起直到被释放，这种锁定对性能的负面影响非常严重。

请注意，在内核上下文切换期间，操作系统可能会决定执行与进程无关的其他任务，从而损失宝贵的执行周期。

- 避免内存屏障。在深入探讨之前，先回顾一下内存屏障的经典定义 https://en.wikipedia.org/wiki/Memory_barrier，内容非常简洁明了：内存屏障，也称内存栅栏、内存栅障或屏障指令等，是一类同步屏障指令，是 CPU 或编译器在对内存随机访问的操作中的一个同步点，使得此点之前的所有读写操作都执行后才可以开始执行此点之后的操作。

处理器使用内存栅栏 membar 来划分代码中的段落,这里应该着重于坚持更新内存的顺序。值得注意的是,Java 编译器也添加了内存栅栏的 volatile 关键字引用示例。
- 预分配和使用顺序存储器。要这样做的主要原因在于预读缓存中的数据,避免争用缓存线,并且重用降低了由 GC 和压缩引起的成本影响。
- 线程控制是开发低延迟、吞吐量系统时需要考虑的极为重要的任务。

这里有一个启发性的问题:为什么不使用队列?与粉碎器框架相比,是什么使它们显示出非效率性?有如下几个突出的原因:
- 当到达无界队列的疆域时,已无法使用失去了连续性的链表,由此也不支持跨越处理(预取缓存线)。
- 现在的明显选择是依赖于数组的有界队列。有一个头部(读取队列的消息)和尾部(消息被馈送到队列中),这是经典的入队和出队操作。但是需要理解,这些基本的队列操作不仅是写数据争用的主要原因,还需要共享缓存线。在 Java 中,队列被称为重 GC 数据结构。对于有界队列,必须分配数据的内存,而且对无界队列还必须分配链表节点。当取消引用或标记为 GC 时,所有对象都必须收回。
- 在数据结构和框架中,以粉碎器建模的方式智能地利用机器内部运作机制:
  - 这个系统的设计旨在通过硬件的自然功能尽可能有效地利用缓存。
  - 开始于在启动时创建一个大型环形缓冲数组区,接收到的数据被复制到其中。
  - 顺序化是至关重要的。这样一来,当需要填补数据时,将数据按顺序高效加载到缓存中即可。
  - 避免了虚假的缓存线共享。

它们开始分配内存以创建环形缓冲区,其中可拥有上百万条目,这些条目在内存缓冲区工作时复用内存空间。如此一来,它们不必担心 GC 和压缩。

对这些缓冲区周围的数据进行排序以利用缓存线是一个非常重要的方面,LMAX 使用填充来确保缓存线的不共享以避免争用。

4.2.2 环形缓冲区——粉碎器的心脏

环形缓冲区是一个基于数组的循环数据结构,被用作缓冲区在上下文之间传递数据(从一个线程到另一个线程)。用非常简单的术语来表达,它是拥有指向下一可用插槽的指针的数组。生产者和消费者能够在不锁定/争用的情况下从该数据结构写入和读取数据。

序列/指针围着环保持回绕。与其他循环缓冲区不同的是，这里缺少一个结束指针。此数据结构是高度可靠的，因为一旦写入消息就不会被移除。它们留在那里，直到它们被标记为覆盖状态。在处理失败的情况下，重放非常容易，可参考一个简单的消费者示例：当生产者正在写消息 10 时，收到插槽 4 处的消息重放请求，这种情况下重播自插槽 4 至插槽 10 的所有消息，并且将它们保持为不可重写状态直到从消费者获得确认。

图 4.5 描述了环形缓冲区的一般情况及重要方面。

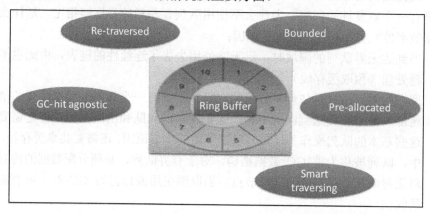

图 4.5

谈到实现情况和显著特征，环形缓冲区是一个可从头再遍历的有界数组，可以虚拟无界的方式来建模。怎么实现呢？它从 1 到 10，然后再次从 1 开始。这里使用了一个有趣的位掩码模数的概念——它在达到 10 之后开始从 1 重用存储器，但是序列号不从 1 重新开始。它们继续以 11、12、20、21 等排下去处理，从而维持虚拟无界的概念。它可以使用模数来确定下一个可用的数字，但与位掩码操作相比仍是一个高代价的操作。因此，这里使用位图模数（带有环形缓冲区的大小，此环形缓冲区将-1 用作序列号）来计算下一可用元素。这又是一个通过头脑思维进行效率驱动编程操作的例证。这种方法被称为智能遍历。

请注意，环形缓冲区没有做新的事情，但其通过头脑思维发挥了硬件概念的优势。网卡自从被创造出来后就成双成对在使用。LMAX 将同样的硬件概念和软件包的软件打包结合，帮助程序员进行有效的编程工作。

图 4.6 描述了粉碎器中如生产者和消费者之类典型的移动组件。

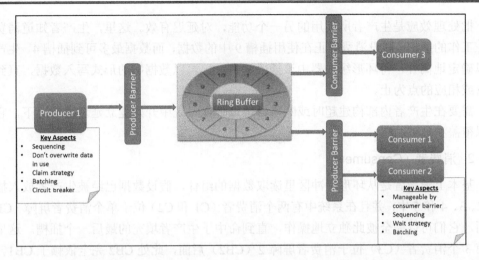

图 4.6

1. 生产者（Producer）

生产者基本上名副其实。它们按顺序将数据转储到环形缓冲区中，例如 1、2、3，依此类推。显然，生产者必须觉察下一个可用的插槽，以确保没有被消费者消耗或读取过的数据不会被覆盖。消费者可以提供通知，帮助生产者确定缓冲器中哪里的序列插槽可以进行填充。例如，如果继续将数据一直放到插槽 5，那么生产者必须足够智能以确保不会覆盖数据。在这里声明策略发挥了作用。这个策略可以是单线程或多线程的。单线程策略在单个生成器模型中绝对胜任。但是，如果有多个生产者，就需要部署一个多线程的声明策略，这将帮助生产者计算缓冲区上的下一个可用插槽。多线程声明策略先是比较然后交换，属于大开支的操作。

在进入批处理之前，先谈谈生成器争用情况下的声明策略和写操作：

- 在多生产者环境中，有一个 CAS（内容寻址存储），而不是用于保护计数器的基本指针。
- 在竞赛条件下，可以竞争并使用 CAS 来找下一个可用的插槽。
- 当生产者回收环形缓冲区中的插槽时，以下面的两步将数据复制到一个预分配的元素中：
  - 获取序列号并复制数据。
  - 将其显式提交给生产者屏障，从而使数据可见。
- 生产者可以与消费者核实它们在哪里工作，以确保不会覆盖仍在使用中的环形缓冲区插槽。

批处理效应是生产者所使用的另一个功能，对延迟有效。这里，生产者知道消费者正在工作的插槽。假设消费者正在使用插槽 9 中的数据，而数据最多可到插槽 4。生产者可以确定地离开，待环形缓冲器中该插槽为空时，再以数据串的形式写入数据，直到插槽 9 或相应的点为止。

需要在生产者内部构建超时或断路器，以便在系统中开始建立延迟的情况下，它们可以覆盖和打破循环。

2. 消费者（Consumer）

基本上消费者是从环形缓冲区里读取数据的组件。假设数据已经被生产者放入插槽 1、2、3、4 和 5 中，并且在系统中有两个消费者（C1 和 C2）位于单个消费者屏障（CB1）之后。它们可以完全彼此独立地操作，直到命中了生产者填充的最后一个插槽。这里还有第 3 个消费者（C3）位于消费者屏障 2（CB2）后面，此处 CB2 完全依赖于 CB1。这个消费者实际上不能访问任何插槽，直到 C1 和 C2 完成它，如此一来就通过使用判断性的消费者屏障建立起时隙间的相关性。

批处理在这里也起着非常重要的作用。如果 C1 在插槽 1 上工作并且需要很长时间，则生成器开始将元素置于插槽 6。当 C2 用插槽 2、3 和 4 完成时，可以继续运行并方便地从插槽 6 以上开始读取元素。这样就实现了批处理中的智能化感知和行动。

现已有单一数据结构的所有组件；智能批处理的时隙同步对生产者和消费者都有影响，且以特别不寻常的方式降低了延时。随着负载增加，其执行表现更好，并且在处理具有浪涌负载特征的队列时也没有出现呈 J 形的性能突变。Storm 内部将这个智能化框架用于工作者之间的数据传输和通信。

4.3 Storm 的节点间通信

一开始 Storm 以 ZeroMQ 作为通信通道来进行节点间通信。在 0.9 版本的 Storm 中，它被 Netty 尝试性替换，在 0.9.2 版本中，Netty 完全将 ZeroMQ 取而代之。在本节中会谈到 ZeroMQ 和 Netty，可以从中了解到一些非常重要的信息，其中包括二者间的不同，以及它们在同类技术中被 Storm 实施者选中的缘由。

图 4.7 清楚地描述了不同组件如何使用 LMAX、ZeroMQ 或 Netty 来相互通信，无论它们是否基于同一个节点同一个工作线程来执行。

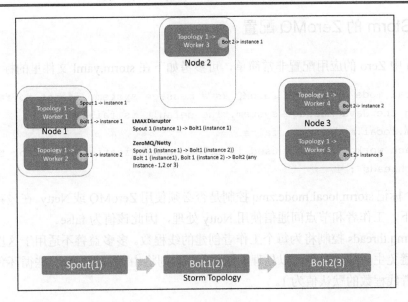

图 4.7

4.3.1 ZeroMQ

ZeroMQ 不属于像 AMQP、Rabbit MQ 那样完全边缘的消息系统。它是一套可以扩展的文件库，可用于构建真正绩效型的消息系统，适应精益、严苛的情况需求。ZeroMQ 不是一个全面型的框架，它只是一个可扩展的工具包——一个实现功能不错的异步消息库。由于没有在各个层面上向框架过渡带来额外负担的拖累，它保持了高性能。该库具有实现高效的快速消息传递解决方案所有必要的组件，并可通过各种适配器与大量编程组件集成。ZeroMQ 是一个轻量级、异步和超快的消息工具包，可供开发人员制作高性能解决方案。

ZeroMQ 以 C++ 来实现，因此不会像基于 JVM 的应用程序那样遇到性能和 GC 问题。
这里有一些关键因素使这个库成为在同一节点或不同节点上的不同工作者之间通信的选择：

- ❑ 它是一个轻量级的异步套接字库，可以制作为一个高性能并发框架。
- ❑ 它比 TCP 快，是集群设置中节点间通信的理想选择。
- ❑ 它不是一个网络协议，但适应诸如 IPC、TCP、组播等各种各样的协议。
- ❑ 异步风格有助于为多核消息传输应用程序构建可扩展的 I/O 模型。
- ❑ 它有扇出、发布-订阅、请求-回复、管道等各种内置的消息模式。

4.3.2　Storm 的 ZeroMQ 配置

Storm 中 Zero 的应用配置非常简单，可参考如下在 storm.yaml 文件里的标记：

```
//Local mode is to use ZeroMQ as a message system, if set to false,
using the Java message system. The default is false
storm.local.mode.zmq : false
// Each worker process used in zeromq communication number of threads
zmq.threads : 1
```

第一个标记 storm.local.mode.zmq 控制是否必须使用 ZeroMQ 或 Netty。在最新版本中，默认情况下，工作者和节点间通信使用 Netty 处理，因此该值为 false。

标记 zmq.threads 控制将为每个工作者创建的线程数。多多益善不适用于这里的情况。应该永远避免生成超过内核可以处理的线程数，否则将由于争用导致一些循环负载丢失。每个工作者线程数的默认值为 1。

4.3.3　Netty

前面描述 ZeroMQ 的部分清楚地表明 ZeroMQ 曾是 Storm 的完美选择，但是随着时间的推移，Storm 改进者已经意识到使用 ZeroMQ 作为传输层表现出的问题，作为一个原生库，它遇到了平台特定的问题。在早期，Storm 与 ZeroMQ 的安装不是很容易，需要每次安装下载并且构建。另一重要问题是 Storm 与 ZeroMQ 紧密耦合，并与相对较旧的 2.1.7 版本配合工作。

了解需求之后，下面介绍一下 Netty。Netty 是基于 NIO 框架的客户端-服务器消息传递解决方案，允许快速开发，并具有相对简单、易于使用的设计。它具有高性能和可伸缩性，还有着可扩展性和灵活性等特性。

Netty 比同类软件出色的方面列举如下：
- 具有非阻塞异步操作的低延迟运算
- 更高的吞吐量
- 资源消耗低
- 内存复制最小化
- 安全的 SSL 和 TLS 支持

Netty 为 Storm 提供了可插入性，开发人员可以仅通过 storm.yaml 中的一些设置在 ZeroMQ 和 Netty 两个传输层选项之间进行选择：

```
storm.messaging.transport: "backtype.storm.messaging.netty.Context"
storm.messaging.netty.server_worker_threads: 1
storm.messaging.netty.client_worker_threads: 1
storm.messaging.netty.buffer_size: 5242880
storm.messaging.netty.max_retries: 100
storm.messaging.netty.max_wait_ms: 1000
storm.messaging.netty.min_wait_ms: 100
```

配置一开始就告知 Storm 传输层使用 Netty。必须保持 storm.local.mode.zmq 为 false 和 storm.messaging.transport 为 backtype.storm.messaging.netty.context。

4.4 理解 Storm UI

Storm UI 描述了 Storm 集群和拓扑的一些非常关键的方面。Storm 中所描述的某些方面构成了优化性能的基本规则。但在谈及性能之前，先通过 Storm UI 中的系列功能展示及类似描述来熟悉 Storm UI 及其参数。

4.4.1 Storm UI 登录页面

Storm UI 的登录页面首先介绍了集群摘要（Cluster Summary），如图 4.8 所示。

Cluster Summary								
Version	Nimbus uptime	Supervisors	Used slots	Free slots	Total slots	Executors	Tasks
0.9.1.2.1.7.0-784	3d 20h 59m 44s	4	8	24	32	69	136

图 4.8

集群摘要中可用列的简要说明如下。

- 版本（Vesion）：顾名思义，这里显示 UI 节点上的 Storm 版本。集群的先决条件之一是在所有节点上 Storm 的版本应该相同。因此，这里清楚地表示集群中 Storm 的版本。
- Nimbus 正常运行时间（Nimbus uptime）：这表示 Nimbus 实例已运行的持续时间（以天、小时、分钟和秒为单位）。Nimbus 是协调器守护进程，负责向集群提交拓扑基本操作，其正常运行时间表示集群正常运行时间。但是在某些情况下，此值可能不代表集群正常运行时间。例如 Nimbus 在拓扑提交之后的某个时间点重新启动的情况。

- 主管（Supervisors）：这是 Storm 集群中有主管进程启动并运行的节点数。
- 总插槽数（Total slots）：这是集群中的工作者进程数。这来自对于每个主管节点在 storm.yaml 中所定义的插槽数量。插槽数量通常和主管机器中的核心数量保持一致：

```
supervisor.slots.ports:
    - 6700
    - 6701
    - 6702
    - 6703
```

- 已用插槽（Used slots）：这是由群集上正在运行拓扑中 Bolt 和 Spout 所使用的工作者进程数。
- 空闲插槽（Free slots）：这是群集中空闲可用的工作线程数。这是一个简单数学计算结果。这个数字实际上可帮助用户预估容量有多少，以及 HA（高可用性的缩写）能力有多少。举一个例子：有一个四节点 Storm 集群，每个节点有 4 个插槽，两个拓扑在这个集群上执行，每个节点消耗 4 个插槽。因此总消耗插槽数为 8，可用但未使用插槽数为 8。现在此集群中具有以下能力：
  - 可以启动一个或多个拓扑，累积消耗所有 8 个插槽，集群将以 100%的占用率运行。
  - 可以把这 8 个插槽作为集群的 HA 能力，两个拓扑可以不受影响地运行，即使两个节点崩溃，也可以挂起并在剩余的 8 个插槽中跨越幸存节点重新恢复。
- 任务（Tasks）：此参数表示集群中所有活动拓扑里正在运行任务的总和。它基本上是所有 Bolt 和 Spout 并行运行数量的总和。
- 执行者（Executors）：这表示驻留在工作进程中的线程总数。

拓扑摘要（Topology Summary）部分如图 4.9 所示。

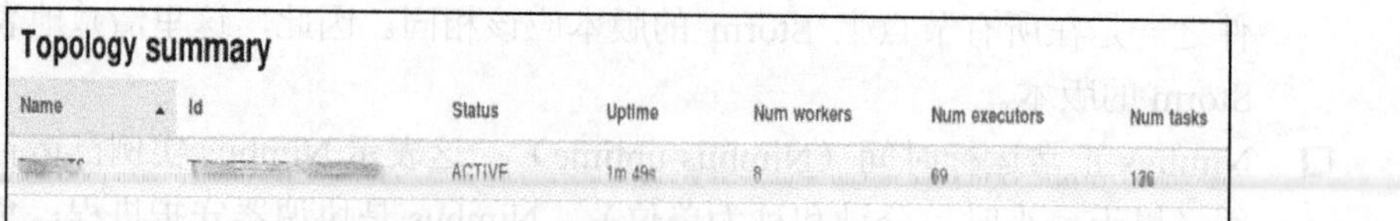

图 4.9

拓扑摘要中可用列的简要说明如下。

- 名称（Name）：这是在将拓扑提交给 Nimbus 时分配的拓扑名称。这是拓扑的用户定义标识符。
- 序号（Id）：这是在启动或提交到群集以供执行时由 Storm 分配给拓扑的标识符。
- 状态（Status）：这里描述拓扑的各种状态及可能状态。
  - 激活（ACTIVE）：实时正在运行的拓扑。
  - 停止活动（INACTIVE）：处于暂停状态并且实际上不处理任何实况流量的活动拓扑。
  - 终止（KILLED）：被终止的拓扑，并且它正在处理在发出终止命令时在执行流中的元组。它正在关闭，并将在退出后从 UI 中删除。
  - 重新平衡（REBALANCING）：此状态表示拓扑处于保持状态并且不消耗任何数据。相反，它正在整个集群中重新平衡。这发生在修改正在运行拓扑的工作程序和执行程序数量的情况下，或者在拓扑工作程序正在运行的其中一个主管进程被杀死时。因此，拓扑结构重新平衡其在活动管理器上的其他工作者进程。
- 正常运行时间（Uptime）：这描述了自拓扑提交以来经过的时间。
- 工作者数（Num workers）：这表示分配给拓扑的工作者数量。此值在拓扑配置里定义。
- 执行者数（Num executors）：这表示拓扑使用的执行者数量。
- 任务数量（Num tasks）：这是拓扑中执行的任务数。

主管摘要（Supervisor Summary）部分如图 4.10 所示。

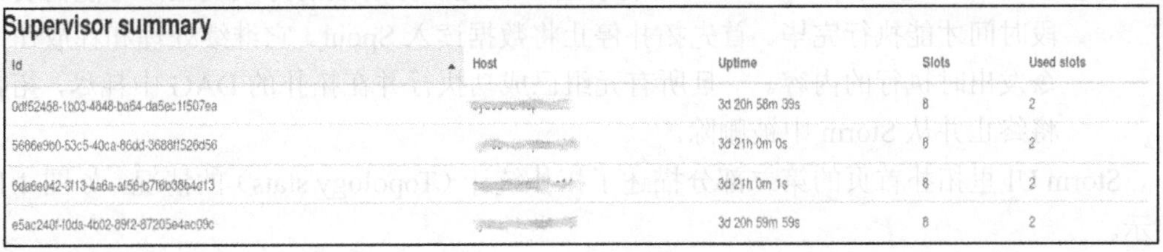

图 4.10

主管摘要中可用列的简要说明如下。

- 序号（Id）：这是 Storm 分配给加入集群的每个主管节点的唯一标识符。
- 主机（Host）：这是主管进程正在其上执行的机器主机名。
- 正常运行时间（Uptime）：这是 Storm 主管作为此集群一部分运行的持续时间。

- 插槽数（Slots）：插槽实际上表示在启动管理器进程时在主管节点上启动的工作者数。一般来说，每个核心上保持为一个工作者。
- 已用插槽（Used slots）：这是执行某些拓扑组件的工作者数。

4.4.2 拓扑首页

在单击登录页面中的拓扑（topology）名称后到达拓扑首页。首页的第一部分主要是关于拓扑操作，如图 4.11 所示。

图 4.11

这部分解释了可以使用拓扑上 Storm UI 实现的各种操作。

- 激活（Activate）：用于重新激活已非激活状态的拓扑。
- 停止活动（Deactivate）：此操作将拓扑置成挂起状态。它仍活着，但不处理或执行任何元组。
- 重新平衡（Rebalance）：此操作用于增加或减少分配给活动状态下或运行中拓扑的工作者和执行者的数量。
- 终止（Kill）：此操作用于停止终结拓扑。Storm 保障处理过程，所以终止操作不会立即生效和从 Storm 中删除拓扑，而是以分阶段的方式发生，可能需要一段时间才能执行完毕。首先拓扑停止将数据读入 Spout。它继续处理和释放在命令发出时执行的内容。一旦所有元组已成功执行并在拓扑的 DAG 中耗尽，拓扑将终止并从 Storm 中被删除。

Storm UI 里拓扑首页的第二部分描述了拓扑统计（Topology stats）的情况，如图 4.12 所示。

Window	Emitted	Transferred	Complete latency (ms)	Acked	Failed
10m 0s	651580	651580	0.000	31320	0
3h 0m 0s	651580	651580	0.000	31320	0
1d 0h 0m 0s	651580	651580	0.000	31320	0
All time	651580	651580	0.000	31320	0

图 4.12

拓扑统计中可用列的简要说明如下。
- 窗口（Window）：这个有意思的参数表示其余列中统计信息的时间范围。可以单击并选择适合它们的范围。
- 已发送（Emitted）：这个统计信息捕获拓扑中发送的元组的总数，四舍五入到十的数量级。
- 已转移（Transferred）：这里表示发送并派到一个或多个 Bolt 的元组数，同样四舍五入到十的数量级。
- 完成延迟（Complete latency（ms））：如果 acking 关闭，这里的值将为 0。但如果要显式确认元组，这会是一个非常有意思的参数，因为它呈现事件或元组通过拓扑的 DAG 完成其执行所耗费的平均时间。
- 已确认（Acked）：描述了成功执行并且回到 Spout 的元组总数。在确认 acking 功能关闭的情况下，这个值为 0。
- 失败（Failed）：显示在完成确认之前执行期间失败或超时的元组总数。在确认 acking 功能关闭的情况下，这个值为 0。Storm 将重新请求把所有失败的元组送回队列，以便可以在拓扑中重新处理。

如图 4.13 所示的屏幕截图呈现下一部分页面内容，其中显示了 Spout（全时间段）的统计信息。

Spouts (All time)								
Id	Executors	Tasks	Emitted	Transferred	Complete latency (ms)	Acked	Failed	Last error
	1	1	31320	31320	0.000	31320	0	

图 4.13

以下内容有助于理解其中描述的各种参数及配置。
- 序号（Id）：这是 Storm 提供的拓扑组件标识符（Spout/Bolt）。
- 执行者（Executors）：这里表示 Storm 为执行此组件（Bolt/Spout）分配了多少个执行者。
- 任务（Tasks）：表示框架为执行此组件而生成的任务数（Bolt/Spout）。

其余参数保持和先前讨论相同的意义，除了最后错误（Last error）。最后错误代表在此组件（Bolt/Spout）上发生的最后一个错误。

如图 4.14 所示的屏幕截图呈现 Bolt（全时间段）统计信息的页面内容。后面的部分有助于理解其中描述的各种参数及配置。

Bolts (All time)											
id	Executors	Tasks	Emitted	Transferred	Capacity (last 10m)	Execute latency (ms)	Executed	Process latency (ms)	Acked	Failed	Last error
FAST...BOLT	4	8	20360	20360	0.523	31.133	20340	0.000	0	0	
	1	2	24120	24120	0.686	9.628	24140	0.000	0	0	
	4	8	0	0	0.420	27.306	19820	0.000	0	0	
	4	5	20060	20060	0.529	30.830	20100	0.000	0	0	
	4	5	20000	20000	0.530	32.308	20080	0.000	0	0	
TICKET...	5	10	19780	19780	0.469	31.685	19820	0.000	0	0	
TICKET...	2	4	23220	23220	0.606	22.885	23220	0.000	0	0	
TICKET...	2	4	23300	23300	0.522	13.594	23340	0.000	0	0	
TICKET...	2	4	22340	22340	0.839	23.977	22360	0.000	0	0	
TICKET...BOLT	2	4	22640	22640	0.566	16.179	22640	0.000	0	0	

图 4.14

此处将省略与前面页面含义相同的参数，仅关注有差异性的相关参数。

- ❑ 已发送（Emitted）：这表示从 Bolt 发送的元组总数，四舍五入到十的数量级。
- ❑ 容量（最后 10 毫秒）（Capacity（last 10ms））：基本上这表示组件（Bolt/Spout）的效率因子，并且理想情况下应小于 1。如果等于 1 则被视为警报场景，并需要增加 Bolt 的并行度。在数学上，它是由 Bolt 执行的元组数乘以生存周期、延迟或时间。
- ❑ 执行延迟（Execute latency（ms））：这是元组通过 Bolt 的执行方法完成处理所需的平均时间。
- ❑ 已执行（Executed）：这是由 Bolt 处理的输入元组的数量。
- ❑ 进程延迟（Process latency（ms））：这是一个非常重要的参数，它是元组从到达 Bolt 直到完成通知的时间。如果该值很大，那么即使执行延迟较低，仍将导致队列整体的延迟，这意味着元组在队列中花费更多的时间等待通过 Bolt 的 execute()方法执行，应该考虑添加更多的确认者使得确认更快。

现在已经了解到 Storm UI 中所描述的基本及关键方面，接下来显而易见的事情是优化 Storm 性能。

4.5 优化 Storm 性能

为了能够优化 Storm 的性能，理解什么是性能瓶颈非常重要。只有知道陷阱在哪里，才能成功避开它们。与所有其他大数据框架一样，Storm 另一个颇为值得注意的方面是它没有性能的经验法则：每个场景都是唯一的，因此每个场景的性能优化计划也是唯一的。

所以这部分更多的是指导性建议及经典的"要和不要"提醒。在用例的实际工作中，需要经过几轮对系统的观察和调整后，性能增强的效果才能发挥出来。

从根本上说，Storm 是一个高性能的分布式处理系统。工作分配发挥作用的那一刻，它带来了自己的潘多拉盒子，其可能是性能故障，例如同一节点上不同进程之间的交互，或又例如需要信道、数据源和接收器的不同节点上不同进程间的交互。在拓扑中，可以将每个节点看作图中下一个节点的源。在此分布式设置中，以下都是可能会出错的方面：

- 接收器 Bolt 可能变慢或堵塞。例如，Bolt 运行于容量 1 就是达到 100%的效率，因此它不会从 ZeroMQ 或 Netty 通道拾取任何消息。
- 数据源 Bolt 并不知道这个事实情况，它只是超级有效地将越来越多的元组抽入队列。
- 结果是队列容量被充满，造成数据溢出或爆满。消息处理失败，因此根据 Storm 的规矩重放，从而形成一个无限扰动的恶性循环。
- 此时建议应该注意观察延迟：执行和进程延迟。尝试保持 Bolt 容量低于 1。

可以通过增加并行性来实现性能提升，但同时要认识到工作者进程和核心数量的协调，以避免盲目增加并行性的行为造成所有进程和线程都在竞争中死亡的后果。

所有程序员都应该重点关注延迟，所以熟知系统的常见延迟非常重要。以下显示的内容来自 https://gist.github.com/jboner/2841832。

```
Latency Comparison Numbers
--------------------------
L1 cache reference                           0.5 ns
Branch mispredict                            5   ns
L2 cache reference                           7   ns
                                             14x L1 cache
Mutex lock/unlock                            25  ns
Main memory reference                        100 ns
                                             20x L2 cache, 200x L1 cache
Compress 1K bytes with Zippy                 3,000      ns        3 us
Send 1K bytes over 1 Gbps network            10,000     ns        10 us
Read 4K randomly from SSD*                   150,000    ns        150 us
~1GB/sec SSD
Read 1 MB sequentially from memory           250,000    ns        250 us
Round trip within same datacenter            500,000    ns        500 us
Read 1 MB sequentially from SSD*             1,000,000  ns        1,000 us   1
ms  ~1GB/sec SSD, 4X memory
Disk seek                                    10,000,000 ns        10,000 us  10
```

```
ms    20x datacenter roundtrip
Read 1 MB sequentially from disk    20,000,000    ns    20,000 us    20
ms    80x memory, 20X SSD
Send packet CA->Netherlands->CA    150,000,000    ns    150,000 us    150 ms
```

Storm 集群应根据用例的需求进行构建、缩放和大小调整，以下是需要注意的事项：
- 输入源的数量和种类。
- 数据到达速率，TPS 或每秒的事务量。
- 每个事件的大小。
- 组件（bolt/spout）中哪个是最有效的，哪个是最低效的。

性能优化的基本规则如下：
- 了解网络传输的情况，只有在实际需要时才进行传输。网络延迟影响巨大并且通常不受程序员控制。因此，在采用一个拓扑，且其中所有 Bolt 和 Spout 只分布在单个节点上时，与它们被分散在集群的 x 节点上的情况相比，前者将有更好的性能，因为它节省了网络跃点的耗费。而后者在出错的情况下具有更高的生存机会，因为信息是在整个集群中而不仅仅在单个节点上传播。
- 确认者的数量应该保持等于主管的数量。
- 对于 CPU 密集型拓扑，执行器的数量通常应保持为每核 1 个。

假设有 10 个主管，每个主管有 16 个核心，那么有多少并行单位？答案是 10×16 = 160。

每个节点 1 个确认者 = 10 个确认者进程的规则

剩余并联单元 = 160-10 = 150

将较多并行单元分配给较慢的任务，较少并行单元分配给较快的任务。

发送 -> 计算 -> 持久化 [拓扑中的三个组件]

其中，持久化是最慢的任务（I/O 约束），可以有如下的并行度分配：

发送 [并行度 10] -> 计算 [并行度 50] -> 持久化 [并行度 90]

- 当容量上升到 1 时增加并行性。
- 通过在配置中调整以下参数，为未确认元组的数量预留裕量：

```
topology.max.spout.pending
```

此参数的默认值为 unset，表示没有限制，但是基于用例时需要限制，以便当未确认消息的数量等于所设定的参数值的条件达到时，可以停止读取更多数据以让处理赶上并确认所有消息，然后继续进行。此值设置应该考虑：
> 不要小到让拓扑总在等待空闲。
> 不要太大，以至于拓扑在处理和确认消息之间被消息湮没。

适宜的建议是，从 1000 开始，然后对其调整，以找出最适合你用例的取值。在 Trident 的情况下，从 15~20 的较小值开始调整。

- 超时应该设置为多少？不要过高，亦不要过低。观察拓扑中的完整延迟，然后调整参数。

```
Topology.message.timeout.secs
```

- 机器性能配置。
  - Nimbus：轻量级和中等四核节点就足够了。
  - 主管：高端节点，更多的内存和更多的内核（取决于用例的性质，是否是 CPU 密集型、内存密集型，或可能两者兼而有之）。

Storm 集群里默默无闻的协调者是 ZooKeeper。这是所有控制和协调的核心，这里的所有操作通常是 I/O 绑定的磁盘操作。因此，以下的建议有助于保持 ZooKeeper 和 Storm 集群的高效工作：

- 使用 ZooKeeper 仲裁（至少有一处三节点设置）。
- 使用专用硬件。
- 使用专用固态硬盘 SSD 提高性能。

4.6 本章小结

本章重点在于让读者熟悉 Trident 框架，以其作为 Storm 微小批处理抽象的延伸。我们已经看到了 Trident 的各种关键概念和操作，然后还探索了 Storm 内部与 LMAX、ZeroMQ 和 Netty 的联系。最后总结了 Storm 性能优化方面的内容。

下一章将重点介绍基于 AWS 的流框架 Kinesis，让读者可以着手使用 Kinesis 服务在亚马逊云上处理流数据。

第 5 章 熟悉 Kinesis

最优化利用资源一直是非常关键的业务目标之一。对于基础设施成本几乎占整个 IT 预算 50%的公司来说，这一点尤为重要。云计算是一个正在改变企业 IT 面貌的关键概念，不仅有助于实现一致性和规模经济，还提供诸如升级、维护、故障转移、负载均衡等企业级功能。当然，所有这些功能都是有代价的，不过可以按需支付所使用的资源。

没有经过很多时间企业就都认识到云计算带来的好处，它们开始利用 IaaS 或 PaaS 来适配/实施/托管其服务和产品（IaaS 是基础设施即服务的缩写，介绍可参见 https://en.wikipedia.org/wiki/Cloud_computing/Infrastructure_as_a_service；PaaS 是平台即服务的缩写，介绍可参见 https://en.wikipedia.org/wiki/Platform_as_a_service）。IaaS / PaaS 的好处显而易见，很快它被扩展到基于云的流分析。基于云的流分析是云中的一项服务，有助于开发/部署低成本分析解决方案，从诸如设备、传感器、基础设施、应用程序等各种数据源中接收的多种数据馈送中实时发现洞察性观点。需求目标是要能扩展到任何数据量的数据，这些数据还具有高或可定制的吞吐量、低延迟和有保证的弹性、在几分钟内轻松安装和配置的特点。

2013 年底，亚马逊推出了 Kinesis，作为一种完全托管的基于云的服务（PaaS），它可以对来自分布式数据流的实时数据进行基于云的流式分析，还允许开发人员编写自定义应用程序，以便对实时接收的数据馈送执行近实时分析。

为帮助读者了解 Kinesis 的整体架构和各种组件，本章将涵盖以下几点：

- ❑ Kinesis 架构概述
- ❑ 创建 Kinesis 流服务

5.1 Kinesis 架构概述

在本节中将讨论 Kinesis 的整体架构和各种组件。本节将帮助读者了解 Amazon Kinesis 的术语和各种组件。

5.1.1 Amazon Kinesis 的优势和用例

Amazon Kinesis 是亚马逊在云上提供的服务，允许开发人员使用来自诸如流式新闻源、财务数据、社交媒体应用、日志或传感器等多种数据源的数据，并且编写响应这些实时数据馈送的应用程序。从 Kinesis 收到的数据可以进一步消耗、转换并最终持久存储于如 Amazon S3、Amazon DynamoDB、Amazon Redshift 或任何其他 NoSQL 数据库里，存储时可以其原始形式或根据预定的业务规则过滤。

Kinesis 可以与实时仪表板和商业智能软件集成，从而在响应输入实时数据流轨迹的基础上支持警报和决策协议的脚本化实现。

Amazon Kinesis 是一种高可用性服务，可以在 AWS 云计算疆域内的可用区域间复制数据。Amazon Kinesis 作为"托管服务"（https://en.wikipedia.org/wiki/Managed_services）来提供，可处理用于负载平衡、故障转移、自动扩展和编排的实时数据流。

Amazon Kinesis 无疑被认为实时或接近实时数据处理领域的颠覆性创新技术（https://en.wikipedia.org/wiki/Disruptive_innovation），它提供了如下好处。

- ❏ 易于使用：作为托管服务应用时，Kinesis 流只需几次点击即可成功创建。在 AWS SDK 的帮助下可以开发更多的应用程序来随时消耗和处理数据。
- ❏ 并行处理：通常出于不同目的的处理数据馈送，例如在网络监视用例下，可在实时仪表板上显示处理后的网络日志以用于识别任何安全漏洞/异常，同时它还将数据存储在数据库中以备深度分析。Kinesis 流可同时被多个不同目的或待解决问题的应用所使用。
- ❏ 可扩展：Kinesis 流本质上是弹性的，可以从每秒 MB 扩展到每秒 GB，从每秒数千条扩展到数百万条消息。基于数据量，可以在任何时间点动态地调整吞吐量，而不干扰现有的应用/流。此外，这些流还可以被重新创建。
- ❏ 成本效益：设置 Kinesis 流不涉及构建或前期成本。只需支付使用时的费用，在 1 MB /秒的数据获取速率和 2 MB /秒的数据消耗速率情况下，其每小时的花费可以低至 0.015 美元。
- ❏ 容错和高可用性：Amazon Kinesis 保留 24 小时的数据备份，并在 AWS 区域的三个设施中同步复制流数据，防止在应用程序或基础架构发生故障的情况下数据丢失。

除了已列出的好处，Kinesis 还可用于需要在几秒或几毫秒内消耗和处理传入数据馈送的各种业务和基础设施用例。这里有 Kinesis 相关的几个突出垂直用例。

- ❏ 电信：分析呼叫数据记录（CDR）是非常重要和最值得讨论的业务用例之一。电信公司分析 CDR 以获得可行的洞察，这不仅优化了总体成本，而且同时能引入新的业务线/趋势，从而提高了客户满意度。

  CDR 的关键挑战是数据量和速度，其每天甚至每小时都在变化，并需要同时使用 CDR 解决多个业务问题。Kinesis 无疑是一个最佳解决方案，因为它为此类主要挑战提供了一个优雅的解决方案。

- **医疗保健**：Kinesis 在医疗保健领域的突出和最适合的使用案例之一是分析隐私保护的医疗设备数据流，以检测疾病的早期征兆，同时识别多个患者之间的相关性并评估治疗的功效。
- **汽车**：汽车业是一个不断增长的行业，在过去几年我们已经看到了其中的很多创新。不少传感器嵌入车辆中，其不断地收集例如距离、速度、地理空间/GPS 位置、驾驶模式、停车风格等各种信息。所有这些信息可以实时推送到 Kinesis 流，接着消费者应用程序可以处理这些信息，并且能提供一些真实和可操作的见解，例如评估驾驶员的潜在事故风险或提供给保险公司的警报，并可以进一步生成个性化保险定价。

前面的用例只是 Kinesis 用于存储/处理实时或流数据馈送的几个示范。基于行业及其需求会有更多的用例。

下面继续讨论 Kinesis 的架构和各个组件。

5.1.2 高级体系结构

基于 Kinesis 的实时/流式数据处理应用程序的全面部署会涉及许多彼此密切交互的组件。图 5.1 说明了此类部署的高级体系结构，其中还定义了每个组件所起的作用。

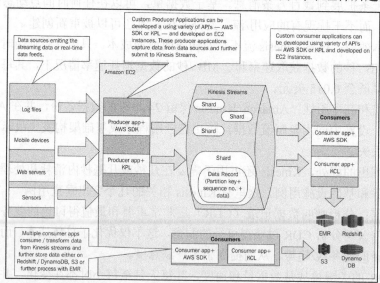

图 5.1

图 5.1 显示了基于 Kinesis 的实时/流数据处理应用程序的体系结构。在高级层次，生产者从数据源获取/消耗数据，并持续将数据推送到 Amazon Kinesis 流。另一端的消费者持续使用 Kinesis 流中的数据并对其进行进一步处理，并且既可以使用如 Amazon DynamoDB、Amazon Redshift、Amazon S3 或任何其他 NoSQL 数据库的 AWS 服务来存储结果，也可以推送到另一个 Kinesis 流去。

将继续讨论 Kinesis 架构中每个组件的作用和目的。

5.1.3　Kinesis 的组件

本节将讨论基于 Kinesis 应用程序的各个组件。Amazon Kinesis 提供存储流式传输数据的能力，但在开发完整的、基于 Kinesis 的实时数据处理应用程序过程中，还有各种其他组件发挥着非常关键的作用。下面就来了解 Kinesis 的各个组件。

1. 数据源

数据源是实时产生数据并提供实时或接近实时访问或消耗数据方式的应用，例如来自各种传感器或提供日志的 Web 服务器所发送的数据。

2. 生产者

生产者是一些自定义应用，这些应用消耗来自数据源的数据，然后将数据提交到 Kinesis 流以进行进一步存储。生产者在整体架构中的作用是消耗数据并实施各种策略，以有效地将数据提交给 Kinesis 流。推荐策略之一是创建成批量的数据，然后将记录提交到 Kinesis 流。生产者可选择只执行最小限度的数据转换，但应确保任何处理都不应当降低生产者的性能。生产者的主要目标是获取数据并将其以最佳方式提交到 Kinesis 流中。建议将生产者部署在 EC2 实例本身上，以便在向 Kinesis 提交记录时保持最佳性能和无时间延迟。可以选择使用 AWS SDK 或 Kinesis Producer Library 之类直接公开的 API 来实现生产者。

3. 消费者

消费者应用程序是连接和使用 Kinesis 流中数据的自定义应用程序。消费者应用程序进一步转换或丰富数据，并可将其存储在某些持久化存储服务/设备中，例如 DynamoDB（https://aws.amazon.com/dynamodb/）、Redshift（https://aws.amazon.com/redshift/）、S3（https://aws.amazon.com/s3/），或者可以将其提交到 EMR（弹性 MapReduce 的缩写，https://aws.amazon.com/elasticmapreduce/）以进一步处理。

4. AWS SDK

亚马逊提供了软件开发工具包（SDK），其中包含易于使用的高级 API，以便用户可以在现有应用程序中无缝集成 AWS 服务。SDK 提供了支持 Amazon S3、Amazon EC2、DynamoDB、Kinesis 和其他许多 AWS 服务的 API。除了 API，AWS SDK 还包括代码示例和文档。Kinesis 流的生产者和消费者可以使用 AWS SDK 中公开的亚马逊 Kinesis API 开发，但是这些 API 只提供连接和 Kinesis 流提交或使用数据的基本功能。其他如批处理或聚合的高级功能，要么由开发者自行开发，要么选用诸如 Kinesis 生产者库（KPL）或 Kinesis 客户端库（KCL）这样的高级库来开发。

 请参阅 https://aws.amazon.com/tools/?nc1=f_dr 获取有关可用 SDK 的详细信息，请访问 http://docs.aws.amazon.com/kinesis/latest/APIReference/ Welcome.html 以获取有关亚马逊 Kinesis API 的更多信息。

5. KPL

KPL 是通过 AWS SDK 开发的高级 API，开发人员可以使用它来编写用于将数据提取到 Kinesis 流的代码。亚马逊 KPL 简化了生产者应用程序开发，开发人员可以通过它实现对亚马逊 Kinesis 流的高吞吐量写入，可以使用亚马逊 CloudWatch（https://aws.amazon.com/cloudwatch/）来进一步监控。除了连接和提交数据到 Kinesis 流的简化机制，KPL 还提供以下功能。

- ❑ 重试机制：在数据包由于缺乏足够可用带宽而被 Kinesis 流丢弃或拒绝的情况下，可以提供自动和可配置的重试机制。
- ❑ 记录批处理：提供了支持在单次请求情况下将多个记录写入多个分片的 API。
- ❑ 聚合：可以聚合记录并增加有效负载大小，以实现可用吞吐量的最佳利用效率。
- ❑ 解聚合：可以与亚马逊 KCL 无缝集成并解除批处理记录的聚合。
- ❑ 监测：可将各种指标提交给亚马逊 CloudWatch 以监测生产者应用程序的性能和总体吞吐量。

必须明确的是，不应将 KPL 与 AWS SDK 提供的亚马逊 Kinesis API 相混淆。亚马逊 Kinesis API 提供了诸如创建流、重新分片和放置/获取记录多种功能，而 KPL 仅提供了一个用于优化数据摄取的特定抽象层。

 有关 KPL 的更多信息，请参阅 http://docs.aws.amazon.com/kinesis/ latest/ dev/ development-producers-with-kpl.html。

6. KCL

KCL 是通过扩展亚马逊 API（包括在 AWS SDK 中）来从 Kinesis 流消耗数据而开发的高级 API，提供了各种设计模式，便于以有效的方式访问和处理数据。KCL 还包含诸如跨多个实例的负载平衡、处理实例故障、检查点处理的记录和重新分片等各种功能，旨在有助于开发人员专注于处理从 Kinesis 流接收到记录的真实业务逻辑。KCL 完全用 Java 编写，但也通过其 MultiLangDaemon 接口提供了对其他编程语言的支持。

 有关 KCL 的详细信息，其角色以及对多种语言的支持，请参阅 http://docs.aws.amazon.com/kinesis/latest/dev/hildaging-consumers-with-kcl.html。

7. Kinesis 流

Kinesis 流是整个体系结构里最重要的组成部分之一。要构建和设计一个可扩展和性能高效的实时消息处理系统，了解 Kinesis 流的设计非常重要。Kinesis 流定义了 4 个主要组件，用于构建和存储从生产者接收的数据：分片、数据记录、分区键和序列号。下面将介绍 Kinesis 流中的所有这些组件。

（1）分片

分片（shard）是 Amazon Kinesis 流中存储唯一标识的数据记录组。Kinesis 流由多个分片组成，每个分片提供一个固定的容量单位。每个记录在提交到 Kinesis 流时存储在同一流的一个分片中。每个分片自身具有处理读取和写入请求的能力，并且为流定义的分片的最终数目也是 Amazon Kinesis 流的总容量。需要小心定义流的分片总数，因为是按每个分片为基础来付费的。单个分片的读写容量是这样规定的：

- 对于读取，每个分片具有的最大容量可支持每秒最多 5 个事务，最大限制为每秒 2 MB。
- 对于写入，每个分片具有的最大容量可接受每秒 1000 次写入，其限制为每秒 1 MB（包括分区键）。

下面举例说明，假设 Amazon Kinesis 流定义了 20 个分片，因此，读取的最大容量将是每秒 100 个（20 个分片×5）事务，其中所有读取的总大小不应超过每秒 40（20×2）MB，这意味着每个事务的大小如果相等，则不应超过 400 KB。至于写入方面，每秒最多有 20000（1000×20）次写入，其中每次写入请求不应超过每秒 1 MB。

分片需要在初始化 Kinesis 流本身时定义。要确定所需分片的总数，需要来自将向流读取或写入记录的用户或开发人员的以下输入。

- 每条记录的总大小：假设每条记录为 2 KB。

❏ 每秒所需的读取和写入总数：假设每秒执行 1000 次写入和读取。

考虑到前面的数字，至少需要两个分片。以下是计算分片总数的公式：

```
number_of_shards = max(incoming_write_bandwidth_in_KB/1000,outgoing_read_bandwidth_in_KB/2000)
```

这将最终导致以下计算结果：

```
2 = max((1000 * 2KB)/1000, (1000 * 2KB)/2000)
```

一旦定义的分片和流创建好，就可以分拆到多个客户端来读取和写入相同的流。

下面继续讨论存储在流/分片中的数据格式。分片内数据以数据记录的形式存储，数据记录由分区键、序列号和实际数据组成。接下来，将研究数据记录的每个组件。

（2）分区键

分区键是用户定义的 Unicode 字符串，每个字符串的最大长度为 256 个字符，它将数据记录映射到特定的分片。每个分片仅存储特定分区键映射集合的数据。分片和数据记录的映射是通过提供分区键作为哈希函数（Kinesis 的内部函数）的输入得到的，哈希函数映射分区键并将数据与特定分片关联。Amazon Kinesis 利用 MD5 散列函数将分区键（字符串）转换为 128 位整数值，然后进一步将数据记录与分片关联。每当生产者向 Kinesis 流提交记录时，对分区键应用哈希机制，然后将数据记录存储在负责处理这些键的特定分片上。

（3）序列号

序列号是由 Kinesis 为生产者提交的每个数据记录分配的唯一编号。相同分区键的序列号通常在一段时间内增加，这意味着写请求之间的时间间隔越长，序列号越大。

在本节中，讨论了各种组件及其在 Kinesis 流的整体架构中的作用。下一个部分中，将在适当示例的帮助下看到这些组件的用法。

5.2 创建 Kinesis 流服务

在本节中，将看到一些真实世界的范例，其中将产生流数据，然后将数据存储到 Kinesis 流中。同时，还将看到 Kinesis 消费者去消耗和处理来自 Kinesis 流的流数据。

5.2.1 访问 AWS

使用 Kinesis 流的第一步是访问 Amazon Web Services（AWS）。请执行以下步骤以访问 AWS：

（1）打开 https://aws.amazon.com 并创建 AWS 账户，如图 5.2 所示。

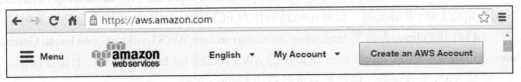

图 5.2

（2）按照屏幕上显示的其余说明进行操作。

 有关详细说明，请访问 https://www.youtube.com/watch?v=WviHsoz8yHk 参阅 YouTube 视频。

注册过程包括接听电话呼叫并输入临时验证 PIN 号码。

完成注册后将获得访问和管理 AWS 账户及其所有相关服务的用户名和密码。

一旦成功完成注册过程，将可以访问 AWS 及其包括 Kinesis 在内的所有服务。

AWS 为某些服务提供免费套餐，只要不超过限制，则不需缴纳使用费用。例如，每月启动和使用微型实例 750 小时是不收取费用的。

 有关免费套餐中可用服务的更多信息，请参阅 https://aws.amazon.com/free/。

Kinesis 不属于免费套餐的一部分，必须付费才能使用，不过好在只需要为使用的服务支付费用。可以以每小时 0.015 美元的费用来开始使用 Kinesis 流。

 有关 Kinesis 定价的更多信息，请参阅 https://aws.amazon.com/kinesis/pricing/。

假设现在已可以访问 AWS，继续前进来配置开发环境以使用 Kinesis 流。

5.2.2 配置开发环境

在本节中，将讨论使用 Amazon Kinesis 必需的所有基础库，还将配置需要的开发环境。这些内容将帮助读者进行 Kinesis 流的消费者和生产者开发。

执行以下步骤配置开发环境：

（1）从 http://www.oracle.com/technetwork/java/javase/install-linux-self-extracting-138783.html 下载并安装 Oracle Java 7。

（2）打开 Linux 控制台并执行以下命令配置 JAVA_HOME 作为环境变量：

```
export JAVA_HOME = <Java 安装目录的路径>
```

（3）从 http://www.eclipse.org/downloads/packages/eclipse-ide-java-ee-developers/lunasr2 下载 Eclipse Luna 并解压缩。以解压缩路径作为 ECLIPSE_HOME 环境变量的目录配置。

（4）打开 Eclipse 并按照 http://docs.aws.amazon.com/AWSToolkitEclipse/latest/ GettingStartedGuide/tke_setup_install.html 所提供的 AWS Toolkit for Eclipse 安装说明进行操作。

安装 AWS 工具包后，可能需要重新启动 Eclipse 实例。

（5）接下来，从 AWS 的 GitHub 页面（https://github.com/awslabs/amazon-kinesis-client/archive/v1.6.0.zip）下载 KCL。

（6）GitHub 提供了 MVN 编译源文件（https://maven.apache.org/）。如果不想这样做，还可以从 https://drive.google.com/file/d/0B5oLQERok6YHdnlGb0dWLWZmMmc/view? usp=sharing 下载包含所有依赖关系的已编译二进制文件。

（7）打开 Eclipse 实例，创建一个 Java 项目，并将其名称设置为 RealTimeAnalytics-Kinesis。

（8）在 Eclipse 项目中，创建一个名为 chapter.five 的包。打开 Eclipse 项目属性窗口，并设置 KCL 的依赖关系，如图 5.3 所示。

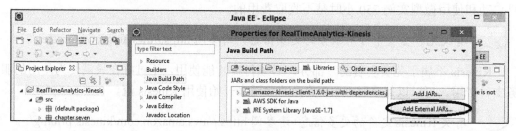

图 5.3

图 5.3 的屏幕截图显示了 Eclipse 项目及其需要添加依赖项，配置好以备编译和运行 Kinesis 流的代码。

（9）接下来，按照 http://docs.aws.amazon.com/AWSToolkitEclipse/latest/GettingStartedGuide/tke_setup_creds.html 提供的说明进行操作并使用 AWS 访问凭据配置 Eclipse 环境。这是直接从 Eclipse 本身连接到 AWS 所必需的设置。

至此，完成了应有的配置。已准备好使 Kinesis 流工作的开发环境。

下一节将创建流并开发用于流服务的生产者和消费者程序。

5.2.3 创建 Kinesis 流

在本节将学习创建或托管 Kinesis 流的各种方法。

Kinesis 流可以通过两种不同的方法创建：一种是使用 AWS 软件开发工具包/工具包，另一种是直接登录 AWS，然后使用用户界面创建 Kinesis 流。

使用 AWS 用户界面执行以下步骤可以创建 Kinesis 流：

（1）登录 AWS 控制台并转到 https://console.aws.amazon.com/kinesis/home，会进入 Kinesis 流的主页。

（2）如 Kinesis 主页所示，单击 Create Stream（创建流）按钮，将看到如图 5.4 所示的屏幕截图，在此定义流配置。

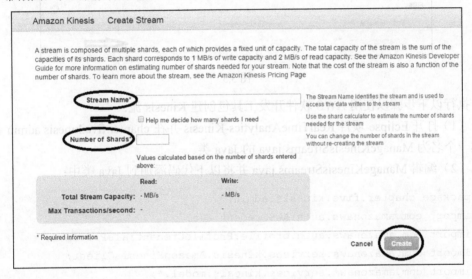

图 5.4

图 5.4 的截图显示了 Kinesis 流配置页面，需要指定以下两个配置。

- 流名称（Stream Name）：这是用户定义的流名称。随后章节创建的生产者和消费者中将提及这一点。将此名称设置为 StreamingService。
- 分片数（Number of Shards）：这是最重要的配置，在此指定分片数。需要额外谨慎地定义分片数量，因为亚马逊将根据为流配置的分片数收取费用。还可以单击 Help me decide how many shards I need（帮助决定我需要多少个分片）链接。AWS 将提供一个 GUI，在其中可以提供每个记录大小、最大读/写等信息，AWS 将计算并建议分片的适当数量。

（3）一旦完成了所有配置，最后一步是单击屏幕底部的 Create（创建）按钮，如图 5.4 所示。

大功告成了！流将在几秒钟后创建，结果可以在 Kinesis 流的管理页面上看到。

图 5.5 显示了 Kinesis 流的管理页面，其中列出了所有活动或非活动的 Kinesis 流。还可以单击流的名称，并查看每个流的详细分析/吞吐量（读/写/延迟）。流可以消耗生产者提供的数据，并将其提供给消费者进行进一步分析。使用 AWS SDK 创建和管理流所需的步骤如下。

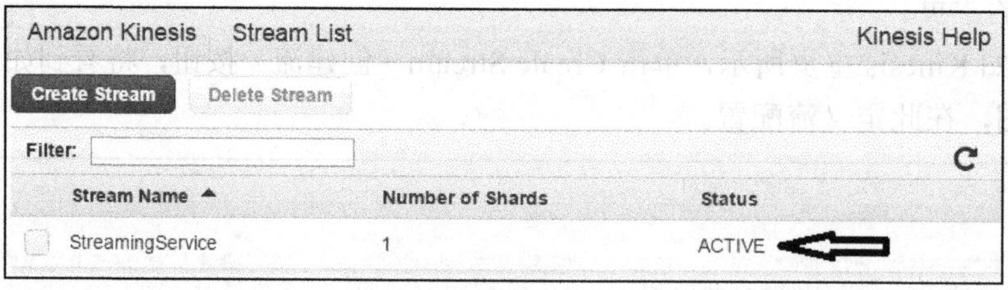

图 5.5

执行以下步骤以使用 AWS 软件开发工具包创建 Kinesis 流：

（1）打开 Eclipse 项目 RealTimeAnalytics-Kinesis 并在 chapter.five.kinesis.admin 包中创建一个名为 ManageKinesisStreams.java 的 Java 类。

（2）编辑 ManageKinesisStreams.java 并将以下代码添加到 Java 类中：

```java
package chapter.five.kinesis.admin;
import com.amazonaws.auth.AWSCredentials;
import com.amazonaws.auth.profile.ProfileCredentialsProvider;
import com.amazonaws.services.kinesis.AmazonKinesisClient;
import com.amazonaws.services.kinesis.model.*;

public class ManageKinesisStreams {
  private AmazonKinesisClient kClient;
  /**
   * Constructor which initialize the Kinesis Client for working with the
   * Kinesis streams.
   */
public ManageKinesisStreams() {
    //Initialize the AWSCredentials taken from the profile configured in
    the Eclipse
```

```java
    //replace "kinesisCred" with the profile configured in your Eclipse or
    leave blank to sue default.
    //Ensure that Access and Secret key are present in credentials file
    //Default location of credentials file is $USER_HOME/.aws/ credentials
    AWSCredentials cred = new ProfileCredentialsProvider("kinesisC red")
        .getCredentials();
    System.out.println("Access Key = "+ cred.getAWSAccessKeyId());
    System.out.println("Secret Key = " + cred.getAWSSecretKey());
    kClient = new AmazonKinesisClient(cred);
}

/**
 * Create a Kinesis Stream with the given name and the shards.
 * @param streamName - Name of the Stream
 * @param shards - Number of Shards for the given Stream
 */
public void createKinesisStream(String streamName, int shards) {
    System.out.println("Creating new Stream = '"+streamName+"',
    with Shards = "+shards);
    //Check and create stream only if does not exist.
    if (!checkStreamExists(streamName)) {
        //CreateStreamRequest for creating Kinesis Stream
        CreateStreamRequest createStreamRequest = new CreateStreamRequest();
        createStreamRequest.setStreamName(streamName);
        createStreamRequest.setShardCount(shards);
        kClient.createStream(createStreamRequest);

        try {
            //Sleep for 30 seconds so that stream is initialized and created
            Thread.sleep(30000);

        } catch (InterruptedException e) {
            //No need to Print Anything
        }
    }
}
```

```java
/**  * Checks and delete a given Kinesis Stream
 *    @param streamName
 *           - Name of the Stream
 */
public void deleteKinesisStream(String streamName) {

  //Check and delete stream only if exists.
  if (checkStreamExists(streamName)) {
    kClient.deleteStream(streamName);
    System.out.println("Deleted the Kinesis Stream = '" + streamName+ "'");
    return;
  }

  System.out.println("Stream does not exists = " + streamName);
}


/**
 * Utility Method which checks whether a given Kinesis Stream Exists or Not
 * @param streamName - Name of the Stream
 * @return - True in case Stream already exists else False
 */
public boolean checkStreamExists(String streamName) {
  try {
    //DescribeStreamRequest for Describing and checking the
    //existence of given Kinesis Streams.
    DescribeStreamRequest desc = new DescribeStreamRequest();
    desc.setStreamName(streamName);
    DescribeStreamResult result = kClient.describeStream(desc);

    System.out.println("Kinesis Stream '" +streamName+ "' already exists...");
    System.out.println("Status of '"+ streamName + "' = "
        + result.getStreamDescription().getStreamStatus());

  } catch (ResourceNotFoundException exception) {
    System.out.println("Stream '"+streamName+"' does Not exists...
```

```
Need to create One");
    return false;
}


return true; }}
```

前面的代码提供了用于创建和删除流的实用程序方法。建议按照代码本身提供的注释来理解所给出各种方法的功能和用法。还可以将 main()方法直接添加到上述代码中，并调用任何创建/删除 Kinesis 流的给定方法。

 分片修改（也称为重新分片或合并分片）是一个高级主题。 请参考 https://docs.aws.amazon.com/kinesis/latest/dev/kinesis-using-sdk-java-resharding.html 了解有关重新分片的详细信息。

接下来，将创建生产者来生成和提交消息到 Kinesis 流，还将创建消费者，用其消耗来自 Kinesis 流的消息。

5.2.4 创建 Kinesis 流生产者

在本节中，将使用 Kinesis AWS API 创建自定义生产者，用于生成和提交消息到 Kinesis 流。

1. 示例数据集

有许多免费数据集可以通过网络获取，生产者可以使用其中任何之一。 下面将使用芝加哥警察局研发部门提供的一个数据集，即 2001 年至 2016 年上报的犯罪事件（在每个受害者报告中存在的谋杀者数据除外）。对于此处的用例，将考虑 2015 年 8 月 1 日至 2015 年 8 月 31 日 1 个月的数据——可以从 https://data.cityofchicago.org/Public-Safety/Crimes-2015/vwwp-7yr9 下载。也可以从 http://tinyurl.com/qgxjbej 下载过滤后的数据集。将 2015 年 8 月的芝加哥犯罪数据集存储在本地目录中，将该文件以<$ CRIME_DATA>代表。

 请参阅 http://tinyurl.com/onul54u 以了解犯罪数据集的元数据。

2. 用例

此处的用例将是创建 Kinesis 生产者，将消耗犯罪数据集并提交给 Kinesis 流。在下一节中将创建消费者,它们将使用 Kinesis 流中的数据,并根据一些预先设定的标准生成警报。

 在实际生产场景中,Kinesis 生产者可以直接连接和消耗来自发布犯罪报告的现场流或回馈的数据,并进一步提交到 Kinesis 流。

执行以下步骤以使用 AWS SDK 提供的 API 创建生产者:

(1)打开 Eclipse 项目 RealTimeAnalytics-Kinesis 并在 chapter.five.kinesis.producers 包中添加一个名为 AWSChicagoCrimesProducers.java 的 Java 类。

(2)编辑 AWSChicagoCrimesProducers.java 并添加以下代码:

```java
package chapter.five.kinesis.producers;

import java.io.*;
import java.nio.ByteBuffer;
import java.util.ArrayList;
import com.amazonaws.auth.AWSCredentials;
import com.amazonaws.auth.profile.ProfileCredentialsProvider;
import com.amazonaws.services.kinesis.AmazonKinesisClient;
import com.amazonaws.services.kinesis.model.*;

public class AWSChicagoCrimesProducers{

private AmazonKinesisClient kClient;

//Location of the file from where we need to read the data
private String filePath="ChicagoCrimes-Aug-2015.csv";

/**
 * Constructor which initialize the Kinesis Client for working with the
 * Kinesis streams.
 */
public AWSChicagoCrimesProducers() {
// Initialize the AWSCredentials taken from the profile configured in
// the Eclipse replace "kinesisCred" with the profile
//configured
in your Eclipse or leave blank to use default.
```

```java
// Ensure that Access and Secret key are present in credentials file
// Default location of credentials file is $USER_HOME/.aws/ credentials
AWSCredentials cred = new ProfileCredentialsProvider("kinesisCr ed")
        .getCredentials();
  kClient = new AmazonKinesisClient(cred);
  }

  /**
   * Read Each record of the input file and Submit each record to Amazon
     Kinesis Streams.
   * @param streamName - Name of the Stream.
   */
  public void readSingleRecordAndSubmit(String streamName) {
    String data = "";
try (BufferedReader br = new BufferedReader(
    new FileReader(new File(filePath)))) {
      //Skipping first line as it has headers;
      br.readLine();
      //Read Complete file - Line by Line
      while ((data = br.readLine()) != null) {
        //Create Record Request
        PutRecordRequest putRecordRequest = new PutRecordRequest();
        putRecordRequest.setStreamName(streamName);
        putRecordRequest.setData(ByteBuffer.wrap((data. getBytes())));
        //Data would be partitioned by the IUCR Codes, which is 5 column
          in the record
        String IUCRcode = (data.split(","))[4];
        putRecordRequest.setPartitionKey(IUCRcode);
//Finally Submit the records with Kinesis Client Object
System.out.println("Submitting Record = "+data);
kClient.putRecord(putRecordRequest);
//Sleep for half a second before we read and submit next record.
    Thread.sleep(500);
  }
} catch (Exception e) {
  //Print exceptions, in case any
```

```java
            e.printStackTrace();
        }
    }

    /**
     * Read Data line by line by Submit to Kinesis Streams in the Batches.
     * @param streamName - Name of Stream
     * @param batchSize - Batch Size
     */
    public void readAndSubmitBatch(String streamName, int batchSize) {

        String data = "";
        try (BufferedReader br = new BufferedReader(
            new FileReader(new File(filePath)))) {

            //Skipping first line as it has headers;
            br.readLine();
            //Counter to keep track of size of Batch
            int counter = 0;
            //Collection which will contain the batch of records
            ArrayList<PutRecordsRequestEntry> recordRequestEntryList = new
            ArrayList<PutRecordsRequestEntry>();
            while ((data = br.readLine()) != null) {
                //Read Data and Create Object of PutRecordsRequestEntry
                PutRecordsRequestEntry entry = new PutRecordsRequestEntry();
                entry.setData(ByteBuffer.wrap((data.getBytes())));
                //Data would be partitioned by the IUCR Codes, which is 5 column
                  in the record
                String IUCRcode = (data.split(","))[4];
                entry.setPartitionKey(IUCRcode);
                //Add the record the Collection
                recordRequestEntryList.add(entry);
                //Increment the Counter
                counter++;
```

```
//Submit Records in case Batch size is reached.
    if (counter == batchSize) {
     PutRecordsRequest putRecordsRequest = new PutRecordsRequest();
     putRecordsRequest.setRecords(recordRequestEntryList);
     putRecordsRequest.setStreamName(streamName);
     //Finally Submit the records with Kinesis Client Object
     System.out.println("Submitting Records = "+recordRequestEntryList.
     size());
     kClient.putRecords(putRecordsRequest);
     //Reset the collection and Counter/Batch
     recordRequestEntryList = new ArrayList<PutRecordsRequest Entry>();
     counter = 0;
     //Sleep for half a second before processing another batch
     Thread.sleep(500);
    }
   }
  } catch (Exception e) {
   //Print all exceptions
   e.printStackTrace();
  }
 }
}
```

这段代码定义了一个构造函数和两个方法。在构造函数中，创建了一个到 AWS 的连接，然后使用 readSingleRecordAndSubmit()或 readAndSubmitBatch()两种方法之一来读取和发布数据到 Kinesis 流。两种方法的区别在于前者逐行读取和提交数据，但后者先读取数据再批量创建和提交数据到 Kinesis 流。可以参照代码中的注释来理解 AWSChicagoCrimes 生产者的代码。

 有关用于创建 Kinesis 生产者的 AWS API 的更多信息，请参阅 http://docs.aws.amazon.com/kinesis/latest/dev/developing-producers-with-sdk.html。

至此，完成了生产者程序。下面创造消费者，它能消耗 Kinesis 生产者发布的数据，并提出一些实时警报。

5.2.5 创建 Kinesis 流消费者

在本节中，将使用 Kinesis AWS API 创建自定义消费者，以消耗来自 Kinesis 流的消息。消费者将消耗消息，同时消费者还将检查需要特别注意的特定犯罪并提供警报。

执行以下步骤，使用 AWS SDK 提供的 API 创建消费者：

（1）打开 Eclipse 项目 RealTimeAnalytics-Kinesis，并在 chapter.five.kinesis.consumers 包中添加一个名为 AWSChicagoCrimesConsumers.java 的 Java 类。该消费者将使用 AWS API 来消耗和分析来自 Kinesis 流的数据，然后在消息中出现特定犯罪行为时生成警报。

（2）AWSChicagoCrimesConsumers.java 的完整代码可以与本书提供的代码示例一起下载，也可以从 https://drive.google.com/folderview?id=0B5oLQERok6YHUlNQdjFxWXF6WWc&usp=sharing 下载。

AWS API 提供了从流接收消息的拉模型，因此消费者将每隔 1 秒轮询 Kinesis 流并从 Kinesis 流中提取犯罪数据。

 有关用于开发 Kinesis 消费者的 AWS API 的更多信息，请参阅 http://docs.aws.amazon.com/kinesis/latest/dev/developing-consumers-with-sdk.html。

5.2.6 产生和消耗犯罪警报

在本节中，将讨论运行 Kinesis 生产者和 Kinesis 消费者所需的最后一系列步骤。

执行以下步骤来运行生产者和消费者：

（1）打开 Eclipse 项目 RealTimeAnalytics-Kinesis 并添加用于运行消费者的 MainRunConsumers.java、运行生产者的 MainRunProducers.java 两个代码文件到 chapter.five.kinesis 包中。

（2）将下面的代码添加到 MainRunConsumers.java 中：

```
package chapter.five.kinesis;

import chapter.five.kinesis.admin.ManageKinesisStreams;
import chapter.five.kinesis.consumers.*;

public class MainRunConsumers {

    //This Stream will be used by the producers/consumers using AWS SDK
```

```
public static String streamNameAWS = "AWSStreamingService";

  public static void main(String[] args) {

    //Using AWS Native API's
    AWSChicagoCrimesConsumers consumers = new AWSChicagoCrimesConsumers();
    consumers.consumeAndAlert(streamNameAWS);

//Enable only when you want to Delete the streams
ManageKinesisStreams streams = new ManageKinesisStreams();
    //streams.deleteKinesisStream(streamNameAWS);
    //streams.deleteKinesisStream(streamName);
}}
```

（3）将下面的代码添加到 MainRunProducers.java 中：

```
package chapter.five.kinesis;

import chapter.five.kinesis.admin.ManageKinesisStreams;
import chapter.five.kinesis.producers.*;

public class MainRunProducers {

//This Stream will be used by the producers/consumers using AWS SDK
  public static String streamNameAWS = "AWSStreamingService";

public static void main(String[] args) {
ManageKinesisStreams streams = new ManageKinesisStreams();
streams.createKinesisStream(streamNameAWS, 1);
//Using AWS Native API's
AWSChicagoCrimesProducers producers = new AWSChicagoCrimesProducers();

//Read and Submit record by record
//producers.readSingleRecordAndSubmit(streamName);
//Submit the records in Batches of 10
producers.readAndSubmitBatch(streamNameAWS, 10);
```

```
//Enable only when you want to Delete the streams
//streams.deleteKinesisStream(streamNameAWS);
}}
```

（4）从 Eclipse 中，执行 MainRunProducers.java，将在控制台上看到日志消息，类似于图 5.6 所示。

```
Access Key = AKIAIUXS255DIZ56GO4A
Secret Key = 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
Creating new Stream = 'AWSStreamingService', with Shards = 1
Stream 'AWSStreamingService' does Not exists...Need to create One
Access Key = AKIAIUXS255DIZ56GO4A
Secret Key = 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
Submitting Records = 10
Submitting Records = 10
Submitting Records = 10
Submitting Records = 10
Submitting Records = 10
```

图 5.6

（5） 接下来，将从 Eclipse 执行 MainRunConsumers.java。一旦运行消费者，将看到消费者开始接收消息，并将其记录在控制台上，类似于图 5.7 所示。

```
Data = 10217131,HY403974,08/30/2015 09:30:00 PM,030XX S UNION AVE,0620,BURGLARY,UNLAWFUL ENTRY,RESIDENCE-GARAGE,false,false,
Partition Key = 1320
Sequence Number = 49554892388652275725592564809323220430288270925903167490
Data = 10217163,HY404026,08/30/2015 09:30:00 PM,061XX N WINTHROP AVE,1320,CRIMINAL DAMAGE,TO VEHICLE,RESIDENCE-GARAGE,false,
ALERT!!!!!!!!! IMMEDIATE ACTION REQUIRED !!!!!!     <=
Partition Key = 1305
Sequence Number = 49554892388652275725592564809324429356107885555077873666
Data = 10218049,HY404369,08/30/2015 09:30:00 PM,045XX S WOOD ST,1305,CRIMINAL DAMAGE,CRIMINAL DEFACEMENT,RESIDENCE,false,fal
Partition Key = 3760
Sequence Number = 49554892388652275725592564809325638281927500184252579842
Data = 10217066,HY403883,08/30/2015 09:29:00 PM,057XX W MADISON ST,3760,INTERFERENCE WITH PUBLIC OFFICER,OBSTRUCTING SERVICE
```

图 5.7

还可以改进消费者程序，将所有消息存储在 RDBMS 或 NoSQL 中，以便进一步用于执行深度分析。当拥有可实时处理数据馈送的可扩展架构时，有无限可能值得探索。

在数据馈送完成后要注意及时清理失效数据，即删除 Kinesis 流和 Dynamo 表，也可以调用 ManageKinesisStreams.deleteKinesisStream()方法删除流和 Dynamo 表。

Kinesis 生产者和消费者也可以使用 KPL（http://docs.aws.amazon.com/kinesis/latest/dev/developing-producers-with-kpl.html）和 KCL（http://docs.aws.amazon.com/kinesis/latest/dev/developing-consumers-with-kcl.html）。这些库是高级 API，它们在内部利用 AWS API 并提供经过验证的设计模式，这不仅有助于加快整体开发，还有助于开发强健稳定的架构。

这里跳过了使用 KPL 和 KCL 开发生产者和消费者的实现，不过本书提供的示例代码已包含有关内容。可参考 chapter.five.kinesis.prducers.KPLChicagoCrimesProducers.java 和 chapter.five.kinesis.consumers.KCLChicagoCrimesConsumers.java 提供的生产者和消费者示例。

KPL 需要 SLF4J（http://www.slf4j.org/）和 Commons IO（https://commons.apache.org/proper/commons-io/）的依赖关系。对于 KCL，需要用到 Amazon Kinesis Client 1.6.0（https://github.com/awslabs/amazon-kinesis-client）。除了各自网站，这些库可以从 https://drive.google.com/open?id=0B5oLQERok6YHTWs5dEJUaHVDNU0 下载。

在本节中，创建了一个 Kinesis 流服务，用它接受给定文件中的芝加哥犯罪记录数据，同时消费者也消耗了这些记录，并在 Kinesis 流接收的数据出现特定犯罪记录时生成警报。

5.3 本章小结

在本章中，讨论了 Kinesis 用于处理实时数据馈送的架构。使用 AWS API 探索了 Kinesis 流生产者和消费者的开发。最后，还提到诸如 KPL 和 KCL 此类更高级的 API 以及它们的示例，来作为创建 Kinesis 生产者和消费者的推荐机制。

在下一章中，将讨论 Apache Spark，它通过引入一种用于批处理和实时数据处理的新范式，为行业带来革命性影响。

第 6 章　熟悉 Spark

所有一切都关乎数据！

大多数企业最为关键的目标是需要分析及混合处理来自不同渠道的数据，如 CRM、门户网站等要接收数据并揭示内涵，以帮助制定业务/营销策略、通知决策、预测、建议等。现在至关重要的是如何高效、有效、快速地挖掘数据中的隐藏模式。

做得越快越好！

分布式计算（https://en.wikipedia.org/wiki/Distributed_computing）或并行计算/处理的模式为达成企业的关键目标起到了举足轻重的作用。分布式计算帮助企业在彼此连接的多个节点上处理大型数据集，这些节点可能是地理上呈分散式部署的。所有这些节点彼此交互并努力实现共同目标。

分布式计算的最普遍的例子之一就是 Apache Hadoop（https://hadoop.apache.org/），其在分布式模式下将执行 map/reduce（映射/规约）的程序引入框架。

最初分布式系统被当作批处理，其中 SLA（服务等级协议的缩写）不严格，作业可能需要几个小时。不久企业引入了对 SLA 严格（毫秒或秒）的实时或接近实时数据处理的要求，这种误解得到了纠正。

这是一个完全不同的世界，不过它仍是分布式计算的分支。很快推出了诸如 Apache Storm（https://storm.apache.org/）这样的系统，有助于满足企业对实时或接近实时数据处理的需求，然而这也只是在一定程度上可以满足需求。

当企业意识到它们无法使用两组不同的技术来处理相同的数据集，还不算为时太晚。

它们需要一个一站式解决方案来满足其中所有数据处理需求，这个方案就是 Apache Spark！

下面来进一步了解 Apache Spark 及其各项功能。

本章将涵盖以下主题，这些内容将有助于读者了解 Spark 的整体架构、组件和用例：

- ❏ Spark 概述
- ❏ Spark 的架构
- ❏ 弹性分布式数据集（RDD）
- ❏ 编写执行第一个 Spark 程序

6.1 Spark 概述

在本节中，将讨论作为各种大数据用例的主要框架之一的 Spark。此外，还将讨论 Spark 的各种功能及其在不同场景中的适用性。

Spark 是另一个用于处理大数据的分布式框架？抑或另一个版本的 Hadoop？

尽管首次听到 Spark 会有此初步印象，可这既非事实也没有论及本质。下面将很快讨论其声明，但在此之前要先了解批处理和实时数据处理。

6.1.1 批量数据处理

批量数据处理是定义一系列相继执行或并行执行的作业以实现共同目标的过程。大多数情况下，这些工作是自动进行的，没有人工干预。这些作业收集输入数据并批量处理数据，其中每个批量的大小可以变化，其范围可以从几 GB 到几 TB/PB。这些作业在彼此互连的一组节点上执行，从而形成一个集群或集群的节点。

批处理的另一个特征是它们具有宽松的 SLA。这并不意味着其中没有 SLA。当然还有 SLA，只是批处理过程在业务时间以外执行，如此就没有来自在线用户/系统的任何工作负荷。换句话说，批处理过程被专门分配一个批处理窗口期，这个窗口期是不太密集的在线活动期，例如 9:00 PM 到 5:00 AM 的非工作时段，并且要求所有批处理过程在该时间窗口期间触发和完成。

下面讨论批量数据处理的几个用例。

- 日志分析/解析：这是最常见的用例之一，在这里应用程序日志被定期（日/周/月/年）收集并存储到 Hadoop / HDFS 中。进一步分析这些日志文件以获得某些 KPI（关键性能指标的缩写），这可以帮助改进应用程序的整体行为（https://en.wikipedia.org/wiki/Log_analysis）。
- 预测性维护：这是另一个常见用例，在制造业中需要分析设备生成的日志/事件以确定其当前状态并预测何时执行维护。这种维护需要可观的投资，如果事先能够把握好维护时段，则可以预留足够的资金。
- 快速索赔处理：这是医疗保险/保险业中最常谈到的用例之一。索赔处理需要在任何索赔批准之前处理大量数据。这些数据得从多个来源（可能以不同的格式/结构）收集，然后验证索赔的有效性，最后实现处理。手动处理索赔可能涉及重大延误（天/月），有时也可能受人为错误波及。

- 定价分析：电子商务行业的定价分析也是一个受欢迎的用例，其中业务分析师需要根据过去的趋势得出新产品的定价。这个过程被称为价格弹性，表示在一段时间内现有产品在市场上的流行情况，通常基于像社会/经济条件、政府政策等各种因素。

类似的用例不胜枚举。

上述所有用例对业务都非常重要。它们可以真正改变组织工作的方式，帮助组织有效地做方案、了解过去的趋势和规划未来。简而言之，上述所有用例都可以帮助企业以已知或低失败风险的方式进行有效、明智的决策。

这些并非新的用例，CEO / CTO /企业家多年来都知道这些问题。那么为什么在过去没有实现 Spark 呢？

Spark 的实现不简单，而且面临如下挑战。

- 大数据：数据量真的很巨大（TB/PB），需要相当数量的硬件资源来解读这些数据，由此带来了很高的成本。
- 分布式处理：不能以单个机器做每一件事情，需要分布式或并行处理数据，这样可以利用多个节点/机器处理数据的不同部分来努力实现共同目标。因此，需要一个可以提供横向和纵向可扩展性的框架（https://en.wikipedia.org/wiki/Scalability）。
- SLA：尽管 SLA 要求宽松，但仍然存在着 SLA。所有批处理过程都需要产生符合 SLA 的结果，如果没有做到，有时会导致损失或留下负面的客户体验。
- 容错：批处理会处理大量数据，这都需要时间。故障必然会发生，而不应被当作异常情况。过程/硬件/框架应该是容错的，这样一旦发生故障，它们应该能够从失败的地方继续使用其他可用资源，而不是从头再来（https://en.wikipedia.org/wiki/Fault_tolerance）。

前面的用例和挑战足以帮助读者理解构建/设计批处理作业所涉及的重要性、真切性和复杂性。

这并不简单易行，需要一个高效、有效、可扩展、高性能、容错和分布式的架构来实现。下面将很快讨论到 Spark 如何有助于解决这些挑战，以及为什么只需要使用 Spark 而不是其他事物，但在此之前，先快速了解一下实时数据处理。

6.1.2 实时数据处理

实时数据处理系统是需要连续数据消耗并立即产生逻辑正确结果（秒或毫秒）的系统。

实时（RT）系统也被称为近实时（NRT）系统，因为从数据被消耗和结果被处理的时间里引入了延迟。RT 或 NRT 系统使组织能够在需要立即做出决策的情况下迅速采取行动和响应，如果做不到，则可能对消费者体验产生不利影响，或在某些情况下，可能导致致命的或灾难性后果。这些系统具有严格的 SLA，并且在任何情况下都不能违反 SLA。以下是 RT 或 NRT 用例的几个示范。

- 物联网（IoT）：简而言之，IoT 收集从嵌入在不同网络或硬件设备中各式各样传感器发出的数据，然后实现这些设备之间的交互。例如，安装在汽车上的防盗设备将生成警报，并将这些警报发送给汽车所有者，同时发送到最近的警察局以便立即采取行动（https://en.wikipedia.org/wiki/Internet_of_Things）。
- 在线交易系统：这是金融行业最关键的用例之一，消费者可以在几秒钟内马上购买到商品或服务。这可能包括股票、债券、货币、商品、衍生物等产品（https://en.wikipedia.org/wiki/Electronic_trading_platform）。
- 在线发布：这是向用户提供或发布 NRT 更新的实例，在此需向用户即时提供关于政治、突发新闻、体育、技术、娱乐等各种主题的头条和趋势性新闻（https://en.wikipedia.org/ wiki / Electronic_publishing）。
- 生产线：这些装置实时消耗、分析和处理机器生成的数据。采取适当的措施可以节省生产的总成本，否则可能生产出低质量或有缺陷的产品。
- 在线游戏系统：适应用户的行为，然后实时采取行动或做出决策是在线游戏系统最流行的策略之一。

类似的用例不胜枚举。

所有上述用例都需要把即时响应发送给用户，这为 RT 或 NRT 系统引入了一些显著特性或挑战。

- 严格的 SLA：RT 或 NRT 系统需要以秒或毫秒为单位来消耗和处理数据。分析可以很简单，例如在消息中找到一些预定义模式；或者可以是复杂的模式，例如为用户产生实时推荐。
- 从故障中恢复：NRT 系统应足够强大，如此一来它们可以从故障中及时恢复而不会对外部系统定义的响应时间或 SLA 产生不良影响，当然也不应该对数据的完整性产生不良影响。
- 可扩展性：NRT 系统需要具有横向扩展架构，以便只需增加计算资源，而无须重新构建完整解决方案，即可满足不断增长的数据需求。
- 全内存访问：任何从持久存储（如硬盘）读取数据的系统肯定会产生额外的延迟，而在 NRT 系统中负担不起延迟的代价。因此，为了最小化延迟并对用户快速响应，一切消耗和处理都在系统内存中实现。需要确保在任何时间点，NRT 系统都有足够的内存来消耗和处理数据。

- ❑ 异步：任何 NRT 系统的另一个关键架构特性是以异步方式消耗和处理数据，以便在一个进程中出现的任何问题不会影响为其他进程定义的 SLA。

前面的用例和挑战足以理解，像批处理一样，设计/架构 RT 或 NRT 系统不是那么简单。设计高效、有效和可扩展的 RT / NRT 系统需要高水平的专业知识和大量资源。

现在已经了解了批处理和实时数据处理的复杂性，下面继续前进，看看 Spark 怎样大显神通，也探讨一下 Spark 为何不可取代。

6.1.3 一站式解决方案 Apache Spark

在本节中将讨论 Spark 作为全方位满足数据处理需求的框架如何脱颖而出，它可以是批处理或 NRT。

Apache Hadoop（https://hadoop.apache.org/）或 Storm（https://storm.apache.org/）等框架可用于设计强大的批处理或实时系统，可真正的挑战是这两个系统的编程范式截然不同。架构师/开发人员需要掌握两种不同的体系结构：一种用于部署在 Hadoop 这样框架上的批处理，另一种用于采用 Apache Storm 这样框架的 RT 或 NRT 系统。

对于专为批量或实时数据处理而开发的系统尚可接受，但应该考虑到现代企业的需求，这些需求中要从多个不同的数据源接收数据，并且要以通用算法集实时和批量地分析这些数据。唯一的区别在于可由系统处理的数据量，要考虑用例施加的延迟、吞吐量和容错等需求，要满足的目标是既可以使用批处理来提供对批量数据全面准确的视图，同时可以使用实时流处理来提供在线数据的视图。如果两个视图输出预先得到联合，它们的呈现效果将进一步得到增强。

这就是架构师/开发人员所需要的新架构范式，通过单一框架来满足批量和实时数据处理的需求。

需要是发明之母，诚如斯言。

Apache Spark 是作为下一代框架和一站式解决方案开发的，适用于无论是否需要批量处理或实时处理的所有用例。

Apache Spark 最早是加州大学伯克利分校 AMPLab 在 2009 年开发的一个项目，在后来成为 Apache 的孵化项目，最终于 2014 年 2 月成长为其中一个顶级项目。Spark 是一个通用的分布式计算平台，既支持批处理，也支持接近实时的数据处理。

对比 Apache Hadoop（MapReduce）和 Apache Storm 来讨论 Spark 的一些特性，如表 6.1 所示。

表 6.1

特性	Apache Spark	Apache Hadoop	Apache Storm
数据存储	内存和可配置的分布式文件系统备份。它可以是 HDFS 或本地磁盘上的多个文件夹或 Tachyon（http://tachyon-project.org/）	HDFS——Hadoop 分布式文件系统	内存
用例	批处理（微小批处理），实时数据处理，迭代和交互式分析	批处理	实时（每个消息到达即被处理）
容错	捕获应用于原始数据的计算以实现当前状态，并且在发生任何故障的情况下，它将同样的计算集合应用于原始数据，也被称为数据沿袭	在不同节点上维护相同数据集的多个副本	Storm 支持事务拓扑，这允许完全容错的一次性消息传递语义。有关更多详细信息，请参阅 http://tinyurl.com/o4ex43o
编程语言	Java、Scala、Python 和 R	Java	定义 Thrift 接口，能够用任何语言实现以定义和提交拓扑（http://tinyurl.com/oocmyac）
硬件	通用商业硬件	通用商业硬件	通用商业硬件
管理	易于管理，因为所有实时或批处理用例都可以部署在单个框架中	仅适用于批处理用例	仅适用于近实时处理用例
部署	Spark 是一个通用的集群计算框架，可以在独立模式下部署，也可以在各种其他框架（如 YARN 或 Mesos）上部署	Apache Hadoop 有自己的部署模型，不能部署在其他分布式集群计算框架上	Storm 有自己的部署模型，不能部署在任何其他分布式集群计算框架上
效率	比 Hadoop 快 10 倍，因为数据在内存本身进行读/写	从 HDFS 读取/写入数据时速度较慢	能够于数据在内存本身读/写同时在几秒和几毫秒内处理消息

特性	Apache Spark	Apache Hadoop	Apache Storm
分布式缓存	通过在分布式工作者的内存中缓存部分结果，确保更低的延迟计算	完全取决于磁盘	Storm 没有任何分布式缓存功能，但可以使用 Memcached 或 Redis 等框架
易用性	支持如 Scala 和 Python 这样的功能性语言，生成精简代码	仅支持 Java，因此 MapReduce 显得冗长和复杂	支持多种语言
高级操作	提供如 map、reduce、flatmap、group、sort、union、intersection、aggregation、Cartesian 等常见操作	不提供除 map 和 reduce 之外的任何预定义操作	Storm 核心框架不提供任何操作，但 Trident（扩展到 Storm）可用于执行连接、聚合、分组等操作（http://tinyurl.com/o2z5w5j）
API 及扩展	提供对核心 API 的定义清晰的抽象，可以扩展到在 Core Spark 上开发扩展/库，例如 Streaming、GraphX 等	提供严格的 API，不允许多样性扩展	Storm 是一个支持扩展开发的近实时处理框架，例如，Trident（http://tinyurl.com/o2z5w5j）就是在 Storm 上开发的此类框架
安全性	通过共享密钥提供基本安全性身份验证（http://tinyurl.com/q9aro45）	Apache Hadoop 有自己强大且成熟的安全框架，使用 Kerberos 和 LDAP 进行身份验证和授权	Storm 0.10+提供了可插拔认证和授权框架（http://tinyurl.com/nwlxsxy）

在接下来的部分将讨论 Spark 的上述功能，但由前面的比较应该足以理解 Spark 是一个提供了 Hadoop 和 Storm 所有功能的框架，可以近乎实时地处理消息，并且同时还可以提供批处理能力。最好的部分是它提供了通用的编程范例，可以应用于批处理或接近实时的数据处理，可供企业按需要选用。

相信现在已确知 Apache Spark 真是下一代框架。对于需要实时或批量处理的所有用例来说，它可作为一站式解决方案。

下一节将继续讨论一些 Apache Spark 的实际用例。

6.1.4 何时应用 Spark——实际用例

在本节将讨论利用 Apache Spark 作为分布式计算框架的各种用例。

Apache Spark 是作为一个通用的集群计算框架开发的，适用于各种用例。在一些使用情况下，它可以工作到最好。对于其他一些情况，它仍可以工作，但不一定是一个理想的选择。

下面是一些 Apache Spark 工作效果最佳的用例，这些情况下它会是一个理想的选择。

- ❏ 批处理：Spark 是一个非常适合大多数批处理用例的通用集群计算框架。如日志分析、定价分析和理赔处理这些用例都是能够很好地采用 Apache Spark 实现的范例。
- ❏ 流式处理：处理流式数据有着不一样的预期，其中 SLA 尤为严格，这里与批处理不同的是，结果需要在秒/毫秒时间内完成传送。处理流数据类似于实时或接近实时的数据处理。Spark Streaming（http://spark.apache.org/docs/latest/streaming-programming-guide.html）是一个通过核心 Spark 框架开发的扩展，可以用于实现流用例。例如 IoT、在线发布等实时或接近实时的用例，是可以采用 Spark 和 Spark Streaming 实现的几个范例。
- ❏ 数据挖掘：数据挖掘（https://en.wikipedia.org/wiki/Data_mining）是计算机科学中的一个专门的分支，主要是识别所提供数据中的隐藏模式，涉及聚类、分类、推荐等多种相关迭代和机器学习算法的实现。Spark 为此提供了更多的扩展方案。
- ❏ MLlib：MLlib（http://spark.apache.org/docs/latest/mllib-guide.html）是通过核心 Spark 框架开发的，其中提供了各种机器学习算法的分布式实现。Spark 机器学习库可以用于开发提供预测智能、营销目标的客户细分、推荐引擎和情绪分析这些功能的应用程序。
- ❏ 图形计算：这是计算机科学中的另一个专业领域，其重点是不同实体之间的关系。该结构是顶点和边的形式，其中顶点是实体本身，边是这些实体之间的关系。图形计算对于模拟各种现实世界中数据不断发展的用例非常有用，这些用例包含社交网络、网络管理、公共交通链接和路线图等。Spark 为此提供了更多的扩展实现方案选择。
- ❏ GraphX：GraphX（http://spark.apache.org/docs/latest/graphx-programming-guide.html）可用来对顶点和边缘形式组成的数据进行建模和结构化，并提供图形并行计算支持，还提供了多种图形算法的实现。
- ❏ 交互式分析：在此过程中，要跨行业收集历史数据，并且工程师对用于交互式分析的数据垂手而得。特定查询变得越来越重要，这不仅是存储更便宜的缘故，还缘于敏捷、迅速和定性的决策对更快响应时间的实时需求。大规模交互式数据分析的执行需要高度的并行性。Spark 提供了额外的扩展 Spark SQL

（http://spark.apache.org/docs/latest/sql-programming-guide.html），其有助于行和列中数据的结构化处理，并且还提供了用于自组织和交互式数据分析的分布式查询引擎。

Spark 仍在不断发展，并且已经努力在核心 Spark 框架上开发越来越多的扩展/库，以便可以使用 Spark 及其扩展来解决各种业务用例。在接下来的章节中，将更多地讨论 Spark 编程模型及其扩展。

下一节将深入了解 Spark 及其各种组件的架构，然后在后续章节中，还将讨论它的各种扩展。

6.2　Spark 的架构

本节将详细讨论 Spark 及其各个组件的体系结构，还将讨论 Spark 的各种扩展/库，它们是通过核心 Spark 框架开发的。

Spark 是一个通用计算引擎，最初专注于为迭代和交互式计算与工作负载提供解决方案，比如跨多个并行操作来重用中间或工作数据集的机器学习算法。

迭代计算的真正挑战是中间数据/步骤对整个作业的依赖性。这种中间数据需要被缓存在内存本身中以便更快地计算，因为从磁盘的刷新和读取会造成存取开销、进而拖慢整个迭代计算过程是不可接受的。

Apache Spark 的创建不仅提供了可扩展性、容错性、高性能和分布式数据处理，而且还提供了在节点集群上分布式数据的内存处理。

为实现这一点，引入了在一组机器（集群）上分区的分布式数据集的新层抽象，可以将其高速缓存在内存中以减少延迟。这个新的抽象层被称为弹性分布式数据集（RDD）。

根据定义，RDD 是一个不可变（只读）对象集合，分布在一组分区丢失时可以重新构建的机器上。

重要的是要注意 Spark 能够执行内存操作，但同时它也可以处理存储于磁盘上的数据。在下一节中将更多地了解 RDD，继续讨论 Spark 的组件和架构。

6.2.1　高级架构

Spark 提供了一个定义良好的分层架构，其中所有的层和组件都松散耦合，并且使用定义良好的合约与外部组件/库/扩展集成。

如图 6.1 所示是 Spark 1.5.1 及其各种组件/层的高级架构。

第 6 章 熟悉 Spark

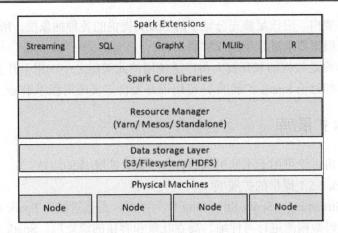

图 6.1

下面讨论每个架构组件的角色和用法。

- 物理机（Physica/Machines）：这一层表示在其上执行 Spark 作业的物理或虚拟机/节点。这些节点共同代表了集群里以 CPU、存储器和数据存储表示的总容量。
- 数据存储层（Data Storage Layer）：这一层提供用于将数据从持久存储区域保存和检索到 Spark 作业/应用程序的 API。只要集群内存不足以容纳数据，Spark 工作者就会使用这一层向持久存储器上转储数据。Spark 是可扩展的并能使用任何类型的文件系统。保存数据的 RDD 对底层存储层是不可知的，并且可以将数据持久存储在诸如本地文件系统，HDFS 或其他诸如 HBase、Cassandra、MongoDB、S3 和 Elasticsearch 之类 NoSQL 数据库的各种持久存储区域中。
- 资源管理器（Resource Manager）：Spark 的架构抽象出 Spark 框架及其相关应用程序的部署。Spark 应用程序可以利用集群管理器，例如 YARN（http://tinyurl.com/pcymnnf）和 Mesos（http://mesos.apache.org/）来为客户端作业分配和释放如 CPU 和内存各种物理资源。资源管理器层提供用于请求跨集群分配和释放可用资源的 API。
- Spark 核心库（Spark Core Libraries）：Spark 核心库表示 Spark 核心引擎，负责执行 Spark 作业，包含用于内存中分布式数据处理的 API 和支持各种应用程序和语言的通用执行模型。
- Spark 扩展/库（Spark Extensions/ Libraries）：此层代表通过扩展 Spark 核心 API 以支持不同用例而开发的其他框架/API/库。例如，Spark SQL 就是一个这样的扩展，可用其开发对大型数据集的特定查询和交互式分析。

通过前面的架构，应该足够充分地了解 Spark 提供的各种抽象层。所有层都松耦合，如果需要，可以根据要求进行更换或扩展。

Spark 扩展/库是架构师和开发人员广泛使用的此类层之一，用于开发自定义库。下面继续前进，详细讨论 Spark 扩展/库，可用于开发自定义应用程序/作业。

6.2.2 Spark 扩展/库

在本节中，将讨论可用于不同用例的各种 Spark 扩展/库的用法。

以下是 Spark 1.5.1 提供的扩展/库。

- Spark Streaming：Spark Streaming 作为扩展，是通过核心 Spark API 开发的，支持对实时数据流进行可伸缩、高吞吐量和容错的流处理。Spark Streaming 允许从诸如 Kafka、Flume、Kinesis 或 TCP 套接字各种来源提取数据。一旦数据被摄取，可以使用诸如映射、规约、连接和窗口等高级函数表示的复杂算法来进一步处理。最后处理的数据可以推送到文件系统、数据库和活动仪表板。实际上，Spark Streaming 还便于实现 Spark 对数据流的机器学习和图形处理算法。有关更多信息，请参阅 http://spark.apache.org/docs/latest/streaming-programming-guide.html。

- Spark MLlib：Spark MLlib 是另一个提供了各种机器学习算法的分布式实现的扩展，其目标是使实用的机器学习库可扩展和易于使用。Spark MLlib 提供了用于分类、回归、聚类等各种常用机器学习算法的实现。有关更多信息，请参阅 http://spark.apache.org/docs/latest/mllib-guide.html。

- Spark GraphX：Spark GraphX 提供 API 来创建带有每个顶点和边附加属性的定向多图，还提供各种公共运算符，可用于诸如 PageRank 和三角形计数这些图形算法的聚合和分布式实现。更多相关信息，请参阅 http://spark.apache.org/docs/latest/graphx-programming-guide.html。

- Spark SQL：Spark SQL 提供结构化数据的分布式处理，并利于以结构化查询语言所表达关系查询的执行（http://en.wikipedia.org/wiki/SQL），提供了称为 DataFrames 的高级抽象，即组织到命名列的分布式数据集合。更多相关信息，请参阅 http://spark.apache.org/docs/latest/sql-programming-guide.html。

- SparkR：R（https://en.wikipedia.org/wiki/R_programming_language）是一种用于统计计算和执行机器学习任务的流行编程语言，然而 R 语言的执行是单线程的，这使得它难以应用于 TB 或 PB 量级大数据处理。R 只能处理适合单个机器的内存的数据。为了克服 R 的局限性，Spark 引入了一个新的扩展——SparkR。SparkR

第 6 章 熟悉 Spark · 117 ·

提供了一个接口来调用和利用来自 R 的 Spark 分布式执行引擎，这允许用户从 R Shell 运行大规模数据分析。更多相关信息，请参阅 http://spark.apache.org/docs/latest/sparkr.html。

所有前面列出的 Spark 扩展/库都是标准 Spark 发行版的一部分。一旦安装和配置 Spark 完毕，就可以开始使用扩展公开的 API。

除了早期的扩展，Spark 还提供了由开源社区开发和提供的其他外部包。这些包不是随标准 Spark 分发版一起发布的，但可以从 http://spark-packages.org/搜索和下载。Spark 包提供了用于与各种数据源、管理工具、高级特定领域库、机器学习算法、代码示例和其他 Spark 内容集成的库/包。

下一节将深入 Spark 封装结构和执行模型，还将讨论其他 Spark 组件。

6.2.3 Spark 的封装结构和 API

在本节中，将简要讨论 Spark 代码库的封装结构，还将讨论核心包和 API，架构师和开发人员经常将它们用于使用 Spark 开发自定义应用程序。

Spark 是用 Scala（http://www.scala-lang.org/）编写的，但是为了实现互操作性，还在 Java 和 Python 中提供了等效的 API。

 为了简洁起见，此处只讨论 Scala 和 Java API，对于 Python API，用户可以参阅 https://spark.apache.org/docs/1.5.1/api/python/index.html。

高级 Spark 代码库分为以下两个包。

- Spark 扩展：特定扩展的所有 API 都封装在自己的包结构中。例如，Spark Streaming 的所有 API 都包装在 org.apache.spark.streaming.*包中，并且相同的包结构适用于其他扩展：Spark MLlib——org.apache.spark.mllib.*、Spark SQL——org.apcahe.spark.sql.*、Spark GraphX——org.apache.spark.graphx.*。

 有关更多信息，请参阅 http://tinyurl.com/q2wgar8（适用于 Scala API）和 http://tinyurl.com/nc4qu5l（适用于 Java API）。

- Spark Core：Spark Core 是 Spark 的核心，提供了两个基本组件——SparkContext 和 SparkConfig。这两个组件由每个标准或定制的 Spark 作业或 Spark 库和扩展使用。Context 和 Config 不是新概念，或多或少它们现在已经成为标准的架构模式。根据定义，Context 是应用程序的入口点，其提供对框架公开的各种资源/函数的访问，而 Config 包含应用配置，有助于定义应用的环境。

下面继续讨论 Spark Core 公开的 Scala API 有关细节。

- org.apache.spark：这是所有 Spark API 的基础包，包含在集群上创建/分发/提交 Spark 作业的功能。

- org.apache.spark.SparkContext：这是任何 Spark 作业/应用程序中的第一个语句，定义了 SparkContext，然后进一步定义在作业/应用程序中提供的自定义业务逻辑。SparkContext 访问任何可能想要使用或利用的 Spark 函数的入口点，这些函数连接到 Spark 集群、提交作业等，甚至对所有 Spark 扩展的引用都由 SparkContext 提供。每个 JVM 只能有一个 SparkContext，如果要创建一个新的 JVM，则需要停止已有的 SparkContext。SparkContext 是不可变的，这意味着它不能在启动后进行更改或修改。

- org.apache.spark.rdd.RDD.scala：这是 Spark 的另一个重要组件，表示数据集的分布式集合，开放了可以在集群上并行执行的各种操作。SparkContext 公开了各种函数来从 HDFS 或本地文件系统或 Scala 集合加载数据，最后创建一个 RDD 来进行诸如映射、过滤、联合和持久化等各种操作。RDD 还在 org.apache.spark.rdd.*包中定义了一些有用的子类，如使用键/值对的 PairRDDFunctions，使用 Hadoop 序列文件的 SequenceFileRDDFunctions，使用 RDD 双精度的 DoubleRDDFunctions。在后续章节中将进一步了解 RDD。

- org.apache.spark.annotation：这里包含在 Spark API 中使用的注释。这是内部 Spark 包，建议在开发自定义 Spark 作业时不要使用此包中定义的注释。此包中定义的三个主要注释如下。

  ➢ DeveloperAPI：所有标记为 DeveloperAPI 的 API /方法都表示预先使用，意味着用户可以自由扩展和修改默认功能。这些方法可能在 Spark 的下一次要版本或主要版本中被更改或删除。

  ➢ Experimental：所有标记为 Experimental 的函数/ API 都不被 Spark 正式采用，只暂时在特定版本中引入。这些方法可能在下一次要或主要版本中被更改或删除。

  ➢ AlphaComponent：仍在由 Spark 社区测试的函数/API 被标记为 AlphaComponent。这些方法不推荐于生产中使用，可以在下一次要或主要版本中被更改或删除。

- org.apache.spark.broadcast：这是最重要的包之一，开发人员经常在其自定义 Spark 作业中使用它。该包提供了用于在 Spark 作业之间共享只读变量的 API。一旦变量被定义和广播，它们就不能被改变。跨集群广播变量和数据是一项复杂的任务，需要确保使用有效的机制，以提高 Spark 作业的整体性能，并且不会成为开销负担。

Spark 提供两种不同类型的广播——HttpBroadcast 和 TorrentBroadcast 实现。HttpBroadcast 广播利用 HTTP 服务器从 Spark 驱动程序获取/检索数据。在这种机制中，广播数据通过在驱动程序本身运行的 HTTP 服务器获取，并进一步存储在执行器块管理器中以用于更快的访问。TorrentBroadcast 广播（也是广播的默认实现）维护其自己的块管理器。访问数据的第一个请求，调用它自己的块管理器，如果没有找到，则从执行器或驱动程序中以块的形式获取数据。TorrentBroadcast 广播工作于 BitTorrent 原理基础上，并确保驱动程序不是获取共享变量和数据的瓶颈。Spark 还提供了累加器，它像广播一样工作，不过提供了可在 Spark 作业之间共享的可更新变量，但存在一些限制。可以参考 https://spark.apache.org/docs/1.5.1/api/scala/index.html#org.apache.spark.Accumulator。

❑ org.apache.spark.io：提供了各种压缩库的实现，可以在块存储级别使用，整个包被标记为 Developer API，因此开发人员可以扩展和提供自己的自定义实现。默认情况下，它提供三种实现——LZ4、LZF 和 Snappy。

❑ org.apache.spark.scheduler：提供了各种调度程序库，这有助于作业调度，跟踪和监视，定义了有向非循环图（DAG）调度器（http://en.wikipedia.org/wiki/Directed_acyclic_graph）。Spark DAG 调度程序定义面向阶段的调度，其中，它跟踪每个 RDD 的完成和每个阶段的输出，然后计算 DAG，DAG 被进一步提交到底层的 org.apache.spark.scheduler.TaskSchedulerAPI，这个 API 在集群上执行。

❑ org.apache.spark.storage：提供了用于结构化、管理和最终持久存储在 RDD 中数据块的 API，还保持对数据的跟踪并确保数据被存储在内存中，或者内存已满时数据被刷新到底层的持久存储区域。

❑ org.apache.spark.util：用于在 Spark API 之间执行通用函数的实用程序类。例如，它定义了 MutablePair，其可以用来替代 Scala 的 Tuple2，区别是 MutablePair 是可更新的，而 Scala 的 Tuple2 不是。org.apache.spark.util 有助于优化内存和最小化对象分配。

下一节将深入 Spark 执行模型，还将讨论其他 Spark 组件。

6.2.4 Spark 的执行模型——主管-工作者视图

Spark 从根本上实现了给定代码段在分布式内存中的执行。在 6.2.3 节讨论了 Spark 架构及其各个层，下面还会讨论其主要组件，它们被用于配置 Spark 集群，同时将用于提交和执行 Spark 作业。

以下是设置 Spark 集群或提交 Spark 作业时涉及的高级组件。

- ❑ Spark 驱动程序：这是客户端程序，它定义了 SparkContext。定义所提交作业的环境/配置和依赖性的任何作业的入口点是 SparkContext。它连接到集群管理器，并请求资源以进一步执行作业。

- ❑ 集群管理器/资源管理器/ Spark 主机：集群管理器管理和分配所需的系统资源到 Spark 作业。此外，它协调和跟踪集群中的活/死节点，能够执行由驱动程序在工作节点（也称为 Spark 工作者）上提交的作业，最终跟踪并显示由工作节点运行的各种作业的状态。

- ❑ Spark 工作者/执行者：工作者实际执行 Spark 驱动程序提交的业务逻辑。Spark 工作者是抽象的，并由集群管理器动态分配给 Spark 驱动程序以执行提交的作业。

图 6.2 显示了 Spark 的高级组件和主管-工作者视图。

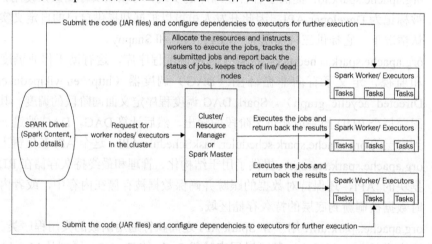

图 6.2

图 6.2 描述了设置 Spark 集群所涉及的各种组件，相同的组件也负责执行 Spark 作业。

虽然所有组件都很重要，但是这里主要讨论集群/资源管理器，因为它定义了部署模型和资源并分配给用户提交的作业。

Spark 启用并提供了灵活性来选择资源管理器。截至 Spark 1.5.1 版本，以下是 Spark 支持的资源管理器或部署模型。

- Apache Mesos：Apache Mesos（http://mesos.apache.org/）是一个集群管理器，可以在分布式应用程序或框架之间提供高效的资源隔离和共享。它可以在动态共享池节点上运行 Hadoop、MPI、Hypertable、Spark 和其他框架。Apache Mesos 和 Spark 彼此密切相关（但它们并不相同）。事情要回溯到 2009 年，当时 Mesos 已经就绪，有了可以在 Mesos 上开发的想法/框架的讨论，于是促成了 Spark 的诞生。

有关在 Amazon Mesos 上运行 Spark 作业的更多信息，请参阅 http://spark.apache.org/docs/latest/ running-on-mesos.html。

- Hadoop YARN：Hadoop 2.0（http://tinyurl.com/lsk4uat）也称为 YARN，是架构的一个完整变化。它被作为一个通用的集群计算框架，负责分配和管理执行不同工作或应用程序所需的资源。Hadoop YARN 引入了例如资源管理器（RM）、节点管理器（NM）和应用程序主服务器（AM）这些新的守护进程服务，它们负责管理集群资源、单个节点和相应的应用程序。YARN 还为应用程序开发人员介绍了特定的接口/指南，它们可以在 YARN 集群上实现/跟踪并提交或执行其自定义应用程序。Spark 框架实现了 YARN 公开的接口，并提供了在 YARN 上执行 Spark 应用程序的灵活性。Spark 应用程序可以在 YARN 中以下两种不同的模式执行。
  - YARN 客户端模式：在此模式下，Spark 驱动程序在客户端计算机（用于提交作业的计算机）上执行，YARN 应用程序主服务器仅用于从 YARN 请求资源。所有日志和系统输出（println）都打印在同一控制台上，用于提交作业。
  - YARN 集群模式：在此模式下，Spark 驱动程序在 YARN 应用程序主进程内部运行，该进程由集群上的 YARN 进一步管理，客户端可以在提交应用程序后立即离开。现在，Spark 驱动程序在 YARN 集群上执行，应用程序日志/系统输出（println）也写入由 YARN 维护的日志文件中，而不是在用于提交 Spark 作业的机器上。

有关在 YARN 上执行 Spark 应用程序的更多信息，请参阅 http://spark.apache.org/docs/latest/running-on-yarn.html。

- Standalone mode（独立模式）：Core Spark 的分发包含了创建独立、分布式和容错集群所需的 API，无须任何外部或第三方库或依赖关系。

❑ Local mode（本地模式）：本地模式不应与独立模式混淆。在本地模式下，Spark 作业可以在本地机器上执行而不需要任何特殊的集群设置，只需传递 local [N] 作为主 URL，其中 N 是并行线程的数量。

我们将很快实现这样的执行模型，但在此之前，先进入下一节，了解 Spark 的最重要的组件之一——弹性分布式数据集（RDD）。

6.3 弹性分布式数据集（RDD）

在本节中，将讨论与 RDD 相关的架构、动机、特性和其他重要概念，还将简要地讨论 Spark 和由 RDDs 公开的各种 API /函数应用的实现方法。

Hadoop 和 MapReduce 等框架被广泛应用于并行和分布式数据处理。毫无疑问，这些框架为分布式数据处理引入了一种新的范式，在容错方式（不丢失单个字节）方面也是如此。然而，这些框架确实有一些限制，例如，Hadoop 不适用于需要迭代数据处理的问题语句，因为在递归函数或机器学习算法中有关用例数据需要在内存中进行计算。

对于上述情况引入了一个新的范式 RDD，其包含类似 Hadoop 系统的所有特性，例如，分布式处理、容错等，但实质上将数据保持在内存中并在集群节点上进行分布式内存数据处理。

RDD 定义如下。

RDD 是 Spark 框架的核心组件。作为一个独立概念，它是由美国加州大学伯克利分校开发的，首先在 Storm 中得以实施并显示出其使用价值和威力。

RDD 为并行和分布式数据处理提供了不可变数据集的内存表示。RDD 是一个底层数据存储不明确的抽象层，提供内存数据表达的核心功能，该功能服务于数据对象的存储和检索。RDD 被进一步扩展以呈现诸如图形或关系结构或流数据等各种类型的数据结构。

下面继续讨论 RDD 的重要特性。

1. 容错

容错不是一个新的概念，已在诸如 Hadoop、键/值存储等各种分布式处理系统中实现。这些系统利用数据复制的策略来实现容错。它们在群集中的各个节点上复制和维护同一数据集的多个副本，或者维护在原始数据集上所发生更新的日志，并立即在机器/节点上应用同一数据集。这种架构/过程适用于基于磁盘的系统，但是相同机制对于数据密集型工作负载或基于内存的系统是无效的，因为首先它们需要在集群网络上复制大量数据，其带宽远低于随机访问内存的速度，其次，它们导致大量的存储开销。

第 6 章 熟悉 Spark

RDD 的目标是解决现有的挑战，并且为已经在存储器中加载和处理的数据集提供有效的容错机制。

RDD 引入了一个用于容错的新概念，并提供了基于变换的粗粒度接口。现在，RDD 不会复制数据或保留更新日志，而是跟踪应用于特定数据集（也称为数据沿袭）的转换（例如映射、规约、连接等）。

这里形成一种容错的有效机制，在其中有任何分区丢失的情况下，RDD 仍具有足够的信息以通过对原始数据集应用相同的转换集合来导出相同的分区。此外，这种计算是并行的，涉及在多个节点上的处理，因此与其他分布式数据处理框架所使用的开支不菲的复制相比，重新计算非常快速有效。

2. 存储

RDD 的架构/设计便于利用在节点集群上分布和分区的数据。RDD 保存在系统内存中，同时还提供可用于将 RDD 存储在磁盘或外部系统上的操作。Spark 及其核心软件包默认提供 API 来处理驻留在本地文件系统和 HDFS 中的数据，还有其他供应商和开源社区为诸如 MongoDB、DataStax、Elasticsearch 等外部存储系统中的 RDD 提供适当的包和 API。

以下是一些可用于存储 RDD 的函数。

- ❑ saveAsTextFile（path）：将 RDD 的元素写入本地文件系统、HDFS、其他映射或装载于网络驱动器中的文本文件。
- ❑ saveAsSequenceFile（path）：这将 RDD 的元素作为 Hadoop 序列文件写入本地文件系统、HDFS、其他映射或挂载的网络驱动器中。这可以在实现 Hadoop 的可写界面的键/值对的 RDD 上使用。
- ❑ saveAsObjectFile（path）：使用 Java 序列化机制将数据集的元素写入给定路径，然后可以使用 SparkContext.objectFile（path）加载。

 可以参考 http://spark.apache.org/docs/latest/api/scala/index.html#org.apache.spark.rdd.RDD（Scala 版本）或 http://spark.apache.org/docs/latest/api/scala/index.html#org.apache.spark.api.java.JavaRDD（Java 版），以获取有关 RDD 公开的 API 的更多信息。

3. 持久性

RDD 中的持久性也称为 RDD 的缓存，可以通过调用<RDD> .persist(StorageLevel)或 <RDD> .cache()来完成。默认情况下，RDD 持久存储在内存中（默认为 cache()），但它也在磁盘或其他外部系统提供持久性，这是由 persist() 函数及其参数的 StorageLevel 类来定义和提供的（https://spark.apache.org/docs/latest/api/scala/index.html#org.apache.spark.storage.StorageLevel$）。

StorageLevel 类被注释为 DeveloperApi()，可以通过扩展来提供持久性的自定义实现。

缓存或持久性是用于迭代算法和快速交互的关键工具。每当在 RDD 上调用 persist() 时，每个节点将其相关联的分区和计算存储在内存中，并且在所计算数据集的其他指令中进一步重用它们。反过来这也使未来的指令更快。

4. 洗牌

洗牌（shuffling）是 Spark 中的另一个重要概念。它在集群之间重新分布数据，以便在不同分区之间进行不同的分组。这是一个代价不菲的操作，因为它涉及以下活动：

- ❏ 跨执行程序和节点复制数据。
- ❏ 创建新分区。
- ❏ 在集群中重新分配新创建的分区。

在 org.apache.spark.rdd.RDD 和 org.apache.spark.rdd.PairRDDFunctions 中定义了一些转换操作，它们初始化洗牌进程。这些操作包括：

- ❏ RDD.repartition()，这将重新分区节点集群中的现有数据集。
- ❏ RDD.coalesce()，这将现有数据集重新分区为较小数量的给定分区。
- ❏ 所有以 ByKey 结尾的操作（除计数操作外），例如 PairRDDFunctions.reducebyKey() 或 groupByKey()。
- ❏ 所有连接操作，如 PairRDDFunctions.join() 或 PairRDDFunctions.cogroup() 操作。

洗牌是一个代价高昂的操作，因为它涉及磁盘 I/O、数据序列化和网络 I/O，但有一些配置可以帮助调整和性能优化。有关完整的参数列表请参阅 https://spark.apache.org/docs/latest/configuration.html#shuffle-behavior，这些参数可用于优化洗牌操作。

 参考 https://www.cs.berkeley.edu/~matei/papers/2012/nsdi_spark.pdf，以获取 RDD 的更多信息。

6.4 编写执行第一个 Spark 程序

在本节中，将安装/配置并使用 Java 和 Scala 编写第一个 Spark 程序。

6.4.1 硬件需求

Spark 支持各种硬件和软件平台，可以部署在商用硬件上，也支持高端服务器上的部署。可以在云上或企业内部部署 Spark 集群。尽管没有单一的配置或标准，但具有以下笔记本电脑/桌面/服务器系统配置建议可以指导用户来达到 Spark 的要求，创建和执行本书中提供的 Spark 示例。

- RAM：8 GB。
- CPU：双核或四核。
- 磁盘：SATA 驱动器，其容量为 300~500 GB，转速为 15k RPM。
- 操作系统：Spark 支持各种 Linux（例如 Ubuntu、HP-UX、RHEL 等）和 Windows 的平台。建议使用 Ubuntu 来部署和执行示例。

Spark 核心以 Scala 编写，但它提供了多种不同语言的开发 API，例如 Scala、Java 和 Python，以便开发人员可以选择编码工具。依赖的软件库引用可能会根据所用编程语言而有所不同，但仍然有一些常见的软件配置 Spark 集群，然后是用于开发 Spark 作业的语言特定软件。

在下一节中，将讨论用 Scala 编写/执行 Spark 作业和在 Ubuntu 操作系统上使用 Java 所需的软件安装步骤。

6.4.2 基本软件安装

在本节中，将讨论安装基本软件所需的各种步骤，这将有助于开发和执行 Spark 工作。

1. Spark

可执行以下步骤来安装 Spark：

（1）从 http://d3kbcqa49mib13.cloudfront.net/spark-1.5.1-bin-hadoop2.4.tgz 下载 Spark 压缩包文件。

（2）在本地文件系统上创建一个新目录 spark-1.5.1，并将 Spark 压缩包文件解压缩到此目录中。

（3）在 Linux Shell 上执行以下命令以将 SPARK_HOME 设置为环境变量：

```
export SPARK_HOME=<Path of Spark install Dir>
```

（4）现在 SPARK_HOME 目录，应该类似于图 6.3 所示。

```
sumit@localhost $ ls -ltr
total 1060
drwxr-xr-x 2 ec2-user ec2-user   4096 Sep 24 06:12 sbin
-rw-r--r-- 1 ec2-user ec2-user    120 Sep 24 06:12 RELEASE
drwxr-xr-x 3 ec2-user ec2-user   4096 Sep 24 06:12 R
drwxr-xr-x 6 ec2-user ec2-user   4096 Sep 24 06:12 python
-rw-r--r-- 1 ec2-user ec2-user  22559 Sep 24 06:12 NOTICE
drwxr-xr-x 3 ec2-user ec2-user   4096 Sep 24 06:12 examples
drwxr-xr-x 3 ec2-user ec2-user   4096 Sep 24 06:12 data
-rw-r--r-- 1 ec2-user ec2-user 960539 Sep 24 06:12 CHANGES.txt
-rw-r--r-- 1 ec2-user ec2-user   3593 Sep 24 06:12 README.md
-rw-r--r-- 1 ec2-user ec2-user  50972 Sep 24 06:12 LICENSE
drwxr-xr-x 2 ec2-user ec2-user   4096 Sep 24 06:12 lib
drwxr-xr-x 3 ec2-user ec2-user   4096 Sep 24 06:12 ec2
drwxr-xr-x 2 ec2-user ec2-user   4096 Sep 24 06:12 conf
drwxr-xr-x 2 ec2-user ec2-user   4096 Sep 24 06:12 bin
sumit@localhost $
```

图 6.3

2. Java

可执行以下步骤来安装 Java：

（1）从 http://www.oracle.com/technetwork/java/javase/install-linux-self-extracting-138783.html 下载并安装 Oracle Java 7。

（2）在 Linux Shell 上执行以下命令，将 JAVA_HOME 设置为环境变量：

```
export JAVA_HOME=<Path of Java install Dir>
```

3. Scala

可执行以下步骤来安装 Scala：

（1）从 http://downloads. typesafe.com/scala/2.10.5/scala-2.10.5.tgz?_ga=1.7758962.1104547853.1428884173 下载 Scala 2.10.5 压缩包文件。

（2）在本地文件系统上创建一个新目录 Scala 2.10.5，并将 Scala 压缩包文件解压缩到此目录中。

（3）在 Linux Shell 上执行以下命令，将 SCALA_HOME 设置为环境变量，并将 Scala 编译器添加到系统变量$ PATH 里：

```
export SCALA_HOME=<Path of Scala install Dir>
export PATH = $PATH:$SCALA_HOME/bin
```

（4）执行如图 6.4 所示的命令，以确保 Scala 运行时和 Scala 编译器可用，版本为 2.10.x。

```
sumit@local : scala -version
Scala code runner version 2.10.5 -- Copyright 2002-2013, LAMP/EPFL
sumit@local : scalac -version
Scala compiler version 2.10.5 -- Copyright 2002-2013, LAMP/EPFL
sumit@local : 
```

图 6.4

Spark 1.5.1 支持 Scala 的 2.10.5 版本，因此建议使用与本书相同的版本，以避免由于库的不匹配而导致运行时异常。

4. Eclipse

可执行以下步骤来安装 Eclipse：

（1）根据硬件配置，从 http://www.eclipse.org/downloads/packages/eclipse-ide-java-ee-developers/lunasr2 下载 Eclipse Luna（4.4），如图 6.5 所示。

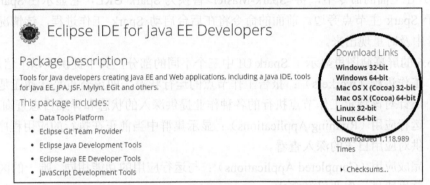

图 6.5

（2）在 Eclipse 中安装 Scala 的 IDE，以便在 Eclipse（http://scala-ide.org/download/current.html）中编写和编译 Scala 代码。

现在已经完成了安装所有必需的软件，继续配置 Spark 集群。

6.4.3 配置 Spark 集群

配置 Spark 集群的第一步是确定适当的资源管理器。在 Spark 的执行模型——主管-工作者视图部分讨论了 Yarn、Mesos 和 Standalone 各种资源管理器。Standalone 是开发最优选的资源管理器，因为它既简单、快速又不需要安装其他组件或软件。

此外，还将为所有 Spark 示例配置 Standalone 资源管理器，有关 Yarn 和 Mesos 的更多信息，请参阅 Spark 的执行模型——主管-工作者视图部分的内容。

执行以下步骤来使用 Spark 二进制文件启动独立的集群：

（1）设置 Spark 集群的第一步是启动主节点，它将跟踪和分配系统的资源。打开 Linux Shell 并执行以下命令：

```
$SPARK_HOME/sbin/start-master.sh
```

（2）上述命令将启动主节点，它还启用了一个 UI，此 Spark UI 监视 Spark 集群中的节点/作业，该集群访问地址为 http://<host>:8080/，其中，<host>是运行主节点计算机的域名。

（3）打开工作节点，它将执行 Spark 作业。在同一 Linux Shell 上执行以下命令：

```
$SPARK_HOME/bin/spark-class org.apache.spark.deploy.worker.Worker
<Spark-Master> &
```

（4）在上面的命令中，将<Spark-Master>替换为 Spark URL，它显示在 Spark UI 顶部，位于 Spark 主节点旁边。前面的命令将在后台启动 Spark 工作进程，该情况也将在 Spark UI 中及时呈现出来。

图 6.6 的屏幕截图里显示了 Spark UI 中三个不同的部分，其中提供了以下信息。

- ❑ 工作进程（workers）：报告工作节点的运行状况，即该节点是活动还是停止，还针对该特定工作节点执行的各种作业提供深入的状态和详细日志查询。
- ❑ 运行应用（Running Applications）：显示集群中当前正在执行的应用程序，并提供对应用日志的深入查看。
- ❑ 完成应用（Completed Applications）：与运行应用的功能相同。唯一的区别在于这里所显示作业已经完成。

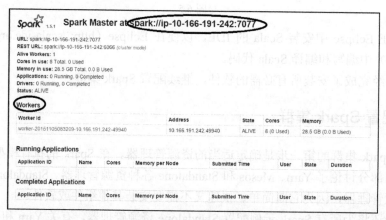

图 6.6

至此，大功告成！Spark 集群已经启动并运行，可以使用一个工作节点执行 Spark 作业。下面继续用 Scala 和 Java 编写第一个 Spark 应用程序，并在新创建的集群上进一步执行它。

6.4.4 用 Scala 编写 Spark 作业

在本节中将在 Scala 中编写第一个 Spark 作业，还将在新创建的 Spark 集群上执行这个作业并进一步分析结果。

这是本书的第一个 Spark 作业，所以将尽可能简单，将使用 2015 年 8 月的芝加哥犯罪数据集，该数据集同在第 5 章"熟悉 Kinesis"中的"创建 Kinesis 流生产者"部分的内容是一致的，并将计算 2015 年 8 月报告的犯罪数量。

执行以下步骤用 Scala 语言为 Spark 作业编写代码，以汇总 2015 年 8 月间的犯罪数量：

（1）打开 Eclipse 并创建一个名为 Spark-Examples 的 Scala 项目（见图 6.7）。

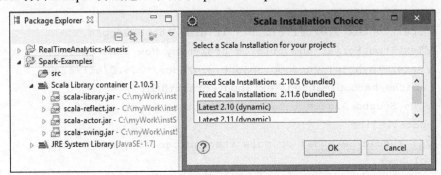

图 6.7

（2）展开新创建的项目，并将 Scala 库容器的版本修改为 2.10。这样做是为了确保 Spark 使用的 Scala 库的版本和开发/部署的自定义作业是相同的。

（3）打开项目 Spark-Examples 的属性项，并添加与 Spark 发行版里所有打包库的依赖关系，可在$SPARK_HOME/lib 中找到有关内容。

（4）创建一个名为 chapter.six 的 Scala 包，在这个包中使用 ScalaFirstSparkJob 的名称定义一个新的 Scala 对象。

（5）在 Scala 对象中定义一个主方法，并导入 SparkConf 和 SparkContext。

（6）将以下代码添加到 ScalaFirstSparkJob 的 main 方法中：

```
object ScalaFirstSparkJob {
  def main(args: Array[String]) {
    println("Creating Spark Configuration")
    //Create an Object of Spark Configuration
```

```
val conf = new SparkConf()
//Set the logical and user defined Name of this Application
conf.setAppName("My First Spark Scala Application")
println("Creating Spark Context")
//Create a Spark Context and provide previously created
//Object of SparkConf as an reference.
val ctx = new SparkContext(conf)
//Define the location of the file containing the Crime Data
val file = "file:///home/ec2-user/softwares/crime-data/
  Crimes_-Aug-2015.csv";
println("Loading the Dataset and will further process it")
//Loading the Text file from the local file system or HDFS
//and converting it into RDD.
//SparkContext.textFile(..) - It uses the Hadoop's
//TextInputFormat and file is broken by New line Character.
//Refer to http://hadoop.apache.org/docs/r2.6.0/api/org/
  apache/hadoop/mapred/TextInputFormat.html
//The Second Argument is the Partitions which specify the
  parallelism.
//It should be equal or more then number of Cores in the
  cluster.

val logData = ctx.textFile(file, 2)

//Invoking Filter operation on the RDD, and counting the
  number of lines in the Data loaded in RDD.
//Simply returning true as "TextInputFormat" have already
  divided the data by "\n"
//So each RDD will have only 1 line.
val numLines = logData.filter(line => true).count()
//Finally Printing the Number of lines.
println("Number of Crimes reported in Aug-2015 = " +
  numLines)
}
}
```

现在代码部分已经完成，用 Scala 编写的第一个 Spark 作业已准备好执行。

按照代码中提供的注释来了解其功能。相同的样式已被用于本书中给出的其他代码示例。

（7）现在从 Eclipse 本身将项目导出为.jar 文件，将其命名为 spark-examples.jar，并将此.jar 文件保存在$ SPARK_HOME 代表的根目录中。

（8）接下来，打开 Linux 控制台，转到$ SPARK_HOME，然后执行以下命令：

```
$SPARK_HOME/bin/spark-submit --class chapter.six.
ScalaFirstSparkJob --master spark://ip-10-166-191-242:7077
spark-examples.jar
```

在上述命令中，应确保给--master 参数指定的值与在 Spark UI 上显示的值相同。

Spark-submit 是一个应用程序脚本，用于将 Spark 作业提交到集群。

（9）按 Enter 键并执行上述命令后，将在控制台上看到很多活动（日志消息），最后将看到作业输出结果，如图 6.8 所示。

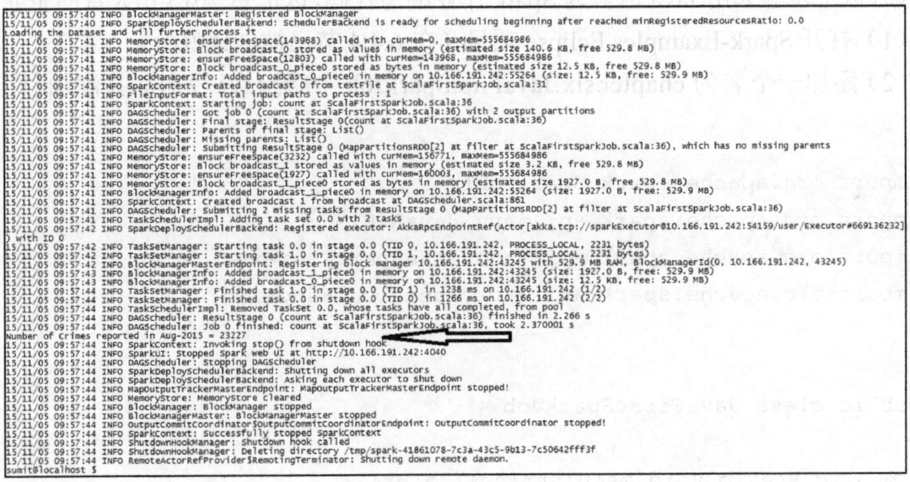

```
15/11/05 09:57:40 INFO BlockManagerMaster: Registered BlockManager
15/11/05 09:57:40 INFO SparkDeploySchedulerBackend: SchedulerBackend is ready for scheduling beginning after reached minRegisteredResourcesRatio: 0.0
Loading the Dataset and will further process it
15/11/05 09:57:41 INFO MemoryStore: ensureFreeSpace(143968) called with curMem=0, maxMem=555684986
15/11/05 09:57:41 INFO MemoryStore: Block broadcast_0 stored as values in memory (estimated size 140.6 KB, free 529.8 MB)
15/11/05 09:57:41 INFO MemoryStore: ensureFreeSpace(12803) called with curMem=143968, maxMem=555684986
15/11/05 09:57:41 INFO MemoryStore: Block broadcast_0_piece0 stored as bytes in memory (estimated size 12.5 KB, free 529.8 MB)
15/11/05 09:57:41 INFO BlockManagerInfo: Added broadcast_0_piece0 in memory on 10.166.191.242:55264 (size: 12.5 KB, free: 529.9 MB)
15/11/05 09:57:41 INFO SparkContext: Created broadcast 0 from textFile at ScalaFirstSparkJob.scala:31
15/11/05 09:57:41 INFO FileInputFormat: Total input paths to process : 1
15/11/05 09:57:41 INFO SparkContext: Starting job: count at ScalaFirstSparkJob.scala:36
15/11/05 09:57:41 INFO DAGScheduler: Got job 0 (count at ScalaFirstSparkJob.scala:36) with 2 output partitions
15/11/05 09:57:41 INFO DAGScheduler: Final stage: ResultStage 0(count at ScalaFirstSparkJob.scala:36)
15/11/05 09:57:41 INFO DAGScheduler: Parents of final stage: List()
15/11/05 09:57:41 INFO DAGScheduler: Missing parents: List()
15/11/05 09:57:41 INFO DAGScheduler: Submitting ResultStage 0 (MapPartitionsRDD[2] at filter at ScalaFirstSparkJob.scala:36), which has no missing parents
15/11/05 09:57:41 INFO MemoryStore: ensureFreeSpace(3232) called with curMem=156771, maxMem=555684986
15/11/05 09:57:41 INFO MemoryStore: Block broadcast_1 stored as values in memory (estimated size 3.2 KB, free 529.8 MB)
15/11/05 09:57:41 INFO MemoryStore: ensureFreeSpace(1927) called with curMem=160003, maxMem=555684986
15/11/05 09:57:41 INFO MemoryStore: Block broadcast_1_piece0 stored as bytes in memory (estimated size 1927.0 B, free 529.8 MB)
15/11/05 09:57:41 INFO BlockManagerInfo: Added broadcast_1_piece0 in memory on 10.166.191.242:55264 (size: 1927.0 B, free: 529.9 MB)
15/11/05 09:57:41 INFO SparkContext: Created broadcast 1 from broadcast at DAGScheduler.scala:861
15/11/05 09:57:41 INFO DAGScheduler: Submitting 2 missing tasks from ResultStage 0 (MapPartitionsRDD[2] at filter at ScalaFirstSparkJob.scala:36)
15/11/05 09:57:41 INFO TaskSchedulerImpl: Adding task set 0.0 with 2 tasks
15/11/05 09:57:42 INFO SparkDeploySchedulerBackend: Registered executor: AkkaRpcEndpointRef(Actor[akka.tcp://sparkExecutor@10.166.191.242:54159/user/Executor#669136232]
) with ID 0
15/11/05 09:57:42 INFO TaskSetManager: Starting task 0.0 in stage 0.0 (TID 0, 10.166.191.242, PROCESS_LOCAL, 2231 bytes)
15/11/05 09:57:42 INFO TaskSetManager: Starting task 1.0 in stage 0.0 (TID 1, 10.166.191.242, PROCESS_LOCAL, 2231 bytes)
15/11/05 09:57:42 INFO BlockManagerMasterEndpoint: Registering block manager 10.166.191.242:43245 with 529.9 MB RAM, BlockManagerId(0, 10.166.191.242, 43245)
15/11/05 09:57:43 INFO BlockManagerInfo: Added broadcast_1_piece0 in memory on 10.166.191.242:43245 (size: 1927.0 B, free: 529.9 MB)
15/11/05 09:57:43 INFO BlockManagerInfo: Added broadcast_0_piece0 in memory on 10.166.191.242:43245 (size: 12.5 KB, free: 529.9 MB)
15/11/05 09:57:44 INFO TaskSetManager: Finished task 1.0 in stage 0.0 (TID 1) in 1238 ms on 10.166.191.242 (1/2)
15/11/05 09:57:44 INFO TaskSetManager: Finished task 0.0 in stage 0.0 (TID 0) in 1266 ms on 10.166.191.242 (2/2)
15/11/05 09:57:44 INFO TaskSchedulerImpl: Removed TaskSet 0.0, whose tasks have all completed, from pool
15/11/05 09:57:44 INFO DAGScheduler: ResultStage 0 (count at ScalaFirstSparkJob.scala:36) finished in 2.266 s
15/11/05 09:57:44 INFO DAGScheduler: Job 0 finished: count at ScalaFirstSparkJob.scala:36, took 2.370001 s
Number of Crimes reported in Aug-2015 = 23227
15/11/05 09:57:44 INFO SparkContext: Invoking stop() from shutdown hook
15/11/05 09:57:44 INFO SparkUI: Stopped Spark web UI at http://10.166.191.242:4040
15/11/05 09:57:44 INFO DAGScheduler: Stopping DAGScheduler
15/11/05 09:57:44 INFO SparkDeploySchedulerBackend: Shutting down all executors
15/11/05 09:57:44 INFO SparkDeploySchedulerBackend: Asking each executor to shut down
15/11/05 09:57:44 INFO MapOutputTrackerMasterEndpoint: MapOutputTrackerMasterEndpoint stopped!
15/11/05 09:57:44 INFO MemoryStore: MemoryStore cleared
15/11/05 09:57:44 INFO BlockManager: BlockManager stopped
15/11/05 09:57:44 INFO BlockManagerMaster: BlockManagerMaster stopped
15/11/05 09:57:44 INFO OutputCommitCoordinator$OutputCommitCoordinatorEndpoint: OutputCommitCoordinator stopped!
15/11/05 09:57:44 INFO SparkContext: Successfully stopped SparkContext
15/11/05 09:57:44 INFO ShutdownHookManager: Shutdown hook called
15/11/05 09:57:44 INFO ShutdownHookManager: Deleting directory /tmp/spark-41861078-7c3a-43c5-9b13-7c50642fff3f
15/11/05 09:57:44 INFO RemoteActorRefProvider$RemotingTerminator: Shutting down remote daemon.
sumit@localhost $
```

图 6.8

是不是很简单！继续 Spark 的讨论时，读者会喜欢 Spark 在分布式框架中创建、部署和运行作业来编写代码所提供的便利和简洁。

完成的作业也可以在 Spark UI 中查看。

图 6.9 显示了第一个 Scala 作业在 UI 上的状态。现在继续前进，使用 Spark Java API 开发同一个作业。

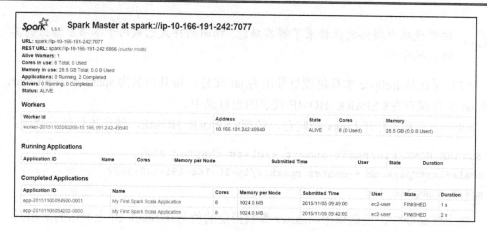

图 6.9

6.4.5　用 Java 编写 Spark 作业

执行以下步骤来用 Java 语言为 Spark 作业编写代码，以汇总 2015 年 8 月的犯罪数量：

（1）打开 Spark-Examples Eclipse 项目（在 6.4.4 节已被创建好）。

（2）添加一个名为 chapter.six.JavaFirstSparkJob 的新 Java 文件，并添加以下代码片段：

```java
import org.apache.spark.SparkConf;
import org.apache.spark.api.java.JavaRDD;
import org.apache.spark.api.java.JavaSparkContext;
import org.apache.spark.api.java.function.Function;


public class JavaFirstSparkJob {

  public static void main(String[] args) {
    System.out.println("Creating Spark Configuration");
// Create an Object of Spark Configuration
    SparkConf javaConf = new SparkConf();
    // Set the logical and user defined Name of this Application
    javaConf.setAppName("My First Spark Java Application");
    System.out.println("Creating Spark Context");
    // Create a Spark Context and provide previously created
```

```
//Objectx of SparkConf as an reference.
JavaSparkContext javaCtx = new JavaSparkContext(javaConf);
System.out.println("Loading the Crime Dataset and will further process
it");

String file = "file:///home/ec2-user/softwares/crime-data/ Crimes_
-Aug-2015.csv";
JavaRDD<String> logData = javaCtx.textFile(file);
//Invoking Filter operation on the RDD.
//And counting the number of lines in the Data loaded
//in RDD.
//Simply returning true as "TextInputFormat" have already divided the
  data by "\n"
//So each RDD will have only 1 line.
long numLines = logData.filter(new Function<String, Boolean>() {
public Boolean call(String s) {
return true;
}
}).count();
//Finally Printing the Number of lines
System.out.println("Number of Crimes reported in Aug-2015 =
"+numLines);
javaCtx.close();

    }
}
```

（3）接下来在 Eclipse 环境中编译前面写好的 JavaFirstSparkJob，就像 6.4.4 节 Spark Scala 作业的执行步骤（7）、（8）和（9）那样执行这里的作业。

至此，大功告成！分析控制台的输出，它应该与 6.4.4 节所执行 Scala 作业的输出相同。

6.5 故障排除提示和技巧

在本节中，将讨论故障排除提示和技巧，这有助于解决在使用 Spark 时最常遇到的错误。

6.5.1 Spark 所用的端口数目

Spark 绑定各个网络端口以在集群/节点内进行通信，并将作业的监视信息呈现给开发人员和管理员。在有些情况下，Spark 使用的默认端口可能不可用，或者可能被网络防火墙阻塞，这反过来又将导致对主管/工作者或驱动程序默认 Spark 端口的修改。后面的网址提供了 Spark 使用的所有端口及其相关参数的列表，任何相关更改都应照此配置（http://spark.apache.org/docs/latest/security.html#configuring-ports-for-network-security）。

6.5.2 类路径问题——类未找到异常

类路径是最常见的问题，它在分布式应用程序中频繁出现。

Spark 及其关联的作业在集群上以分布式方式运行。所以，如果 Spark 作业依赖于外部库，那么需要确保将它们封装到一个单独的 JAR 文件中，并将其放在一个公共位置或者所有工作节点的默认类路径中，或者在 SparkConf 本身包含 JAR 文件的路径定义：

```
val sparkConf = new SparkConf().setAppName("myapp").setJars(<path of Jar file>))
```

6.5.3 其他常见异常

在本节中，将讨论架构师/开发人员在设置 Spark 或执行 Spark 作业时遇到的一些常见错误/问题/异常。

- 打开的文件过多：这可通过执行 sudo ulimit -n 20000 来增加 Linux 操作系统上的 ulimit 取值来解决。
- Scala 版本：Spark 1.5.1 支持 Scala 2.10，因此如果框架上部署了多个版本的 Scala，请确保所有版本都是相同的 Scala 2.10。
- 独立模式下的工作进程内存不足：这需要在 $SPARK_HOME/conf/spark-env.sh 中配置 SPARK_WORKER_MEMORY。默认情况下，它为工作程序提供 1GB 的总内存，不过同时应该分析并确保未在工作进程节点上加载或缓存过多的数据。
- 工作节点上应用程序的执行内存不足：这需要在 SparkConf 中配置 spark.executor.memory，如下所示：

```
val sparkConf = new SparkConf().setAppName("myapp")
  .set("spark executor memory","ly")
```

上面的提示将帮助用户解决设置 Spark 集群的基本问题,但当继续深入时可能会遇到超出了基本设置的更复杂的问题,对于这些问题,请在 http://stackoverflow.com/questions/tagged/apache-spark 留言咨询或向邮箱 user@spark.apache.org 发邮件。

6.6 本章小结

在本章中,讨论了 Spark 及其各种组件的架构,还谈到了 Spark 框架的一些核心组件,如 RDD。此外,讨论了 Spark 及其各种核心 API 的包装结构,还配置了 Spark 集群,并用 Scala 和 Java 编写并执行了第一个 Spark 作业。

在下一章中,将详细讨论 Spark RDD 公开的各种函数/API。

第 7 章 使用 RDD 编程

分析历史数据和揭示隐藏模式是现代企业的关键目标之一。数据科学家/架构师/开发人员正努力实施各种数据分析策略，以帮助他们在最短时间内分析数据并发现价值。

数据分析本身是一个复杂的多步骤过程。它是通过分析和逻辑推理来检查所提供数据的每个组成部分，并从中导出价值的过程。通过利用数据挖掘、文本分析等各种数据分析方法来收集、审查和分析来自各种来源的数据，目的是发现有用的信息、提出结论并支持决策。

转换是数据分析过程中最关键和重要的一步，需要深入了解转换语言的各种技术和功能，这种语言可以将数据或信息从一种格式转换为另一种格式，通常是从源系统的格式转换为新目标系统所需的格式。

转换是非常主观的，根据最终目标可以执行各式各样的功能。在转换过程中涉及的公共函数的一些示例包括聚合（sum、avg、min 和 max）、排序、多源数据连接、解聚、导出新值等。

在本章中，将讨论由 Spark 和弹性分布式数据集（RDD）API 提供的各种转换函数，还将讨论用于持久化转换数据集的各种策略。

本章将涵盖以下几点：
- 理解 Spark 转换及操作
- 编程 Spark 转换及操作
- 处理 Spark 的持久性

7.1 理解 Spark 转换及操作

在本节中，将讨论 Spark RDD API 提供的各种转换和功能操作，还将讨论不同形式的 RDD API。

RDD 或弹性分布式数据集是 Spark 的核心组件。用于对原始数据执行变换的所有操作在不同的 RDD API 中提供。在第 6 章"熟悉 Spark"中讨论了 RDD API 及其在弹性分布式数据集（RDD）部分中的功能，但有必要再次重申不存在访问原始数据集的 API。Spark 中的数据只能通过 RDD API 公开的各种操作来访问。RDD 是不可变的数据集，因此对原始数据集应用的任何转换生成新的 RDD，而不会对调用转换操作的数据集/RDD 进行任何修改。RDD 中的转换为延迟执行，这意味着任何转换的调用不会立即应用于基础数据集。仅当调用任何操作或需要返回结果时，才应用转换驱动程序。这个过程有助于 Spark 框架更有效地工作。对原始数据集上（在相同序列中）应用的所有变换保持跟踪，这一保持跟踪的过程被称为数据沿袭。每个 RDD 记住它被构造的方式，这意味着它保持转换的轨迹，先前的 RDD 应用此转换成为现有 RDD。高级别的每个 RDD API 都提供以下功能。

- 分区：RDD 的主要功能之一是记住由该 RDD 表示的分区列表。分区是将数据分成多个部分的逻辑组件，便于能够分布于集群上以实现并行性。更详细地说，Spark 作业收集和缓冲数据，这些数据被进一步分成执行的各个阶段以形成执行流水线。数据集中的每个字节由 RDD 表示，执行流水线被称为有向非循环图（DAG）。执行流水线的每一阶段所涉及的数据集被进一步存储在大小相等的数据块中，这些数据库就是 RDD 表示的分区。最后，对于每个分区只有一个任务被分配或执行。因此，作业的并行性直接取决于为作业配置的分区数。
- 分割：此功能用于分割提供的数据集。例如，将 Hadoop 的 TextInputFormat（http://tinyurl.com/nq3t2eo）用于第 6 章"熟悉 Spark"中"编写执行第一个 Spark 程序"中的示例程序，其中使用了新的行字符（\n）来拆分所提供的数据集。
- 依赖关系：这是和其他 RDD 间依赖关系的列表。
- 分区器：这是用于键/值对 RDD 分区的分区器类型，是可选的，并且仅当 RDD 包含有键/值形式的数据时才适用。
- 拆分位置：RDD 还存储计算每个拆分的首选位置列表，例如 HDFS 文件的块位置。

下面继续讨论 Spark 提供的各种 RDD API，然后还将结合适当的示例讨论它们的适用性。

7.1.1 RDD API

所有 Scala RDD API 的实现都封装在 org.apache.spark.rdd.*包中。Scala 也在内部被编译成.class 文件，所以大多数情况下它与 Java 兼容，但在某些像内联或 lambda 函数/表达式中可能就不是如此了。对于这些不兼容的情况，相应的 Java 实现由 Spark 在 org.apache.spark.api.java.*包中提供。

Spark 所遵循的 Java 类命名约定是为所有 Scala 类预先定义关键字为 java 的类名，并删除关键字 function，以防 Scala 类名称中包含关键字 function，例如，RDD.Scala 的相应实现是 JavaRDD.java，PairRDDFunctions.scala 的相应实现为 JavaPairRDD.java。
以下是 Spark 提供的几个重要的 RDD API。

- RDD.scala：这是所有 RDD 实现的基本抽象类，这些 RDD 实现提供例如 filter、map、flatmap、foreach 等基本操作。有关 RDD API 提供操作的更多信息，请参阅 http://tinyurl.com/nqkxgwk。

- DoubleRDDFunctions.scala：包含 RDD 的各种数值和统计函数，这些 RDD 只包含双精度形式的值（http://www.scala-lang.org/api/2.10.5/index.html#scala.Double），例如 mean()、stdev()、variance()和 stats()都是由 DoubleRDDFunctions 提供的统计函数。有关由 DoubleRDDFunctions.scala 提供的操作类型的信息，请参阅 http://tinyurl.com/ou35u4p。

- HadoopRDD：这里提供了实用函数以读取来自 HDFS、HBase 或 S3 的源数据。其使用较旧的 MapReduce API（org.apache.hadoop.mapread）来读取数据。还有另一个名为 NewHadoopRDD 的 API 利用较新的 MapReduce API（org.apache.hadoop.mapreduce）来读取数据。HadoopRDD 和 NewHadoopRDD 都使用@DeveloperAPI 注释，这意味着开发人员可以根据自己的需要或方便来扩展和增强此 API。同时建议使用 SparkContext.hadoopRDD() 或 SparkContext.newAPIHadoopRDD()获取此 API 的引用，而不是直接实例化。可参阅 http://tinyurl.com/nctlley 或 http://tinyurl.com/oduzulh 了解 HadoopRDD 或 NewHadoopRDD 的公开操作。

- JdbcRDD：这个 API 公开了可用于执行 SQL 查询的操作，通过操作可以从 RDBMS 中提取数据，然后从结果中创建 RDD。例如，假设有一个包含有 ID、name 和 age 列的 EMP 表的 RDBMS（例如 Apache Derby），并且要打印年龄组为 20～30 岁的所有员工的 ID。以下代码满足此要求，并在驱动程序控制台上输出符合员工的姓名和年龄：

```
//Define the Configuration
val conf = new SparkConf();
//Define Context
val ctx = new SparkContext(conf)
//Define JDBC RDD
val rdd = new JdbcRDD(
ctx,
() => { DriverManager.getConnection("jdbc:derby:temp/Jdbc-RDDExample")
```

第 7 章 使用 RDD 编程

```
},
 "SELECT EMP_ID,Name FROM EMP WHERE Age > = ? AND ID <= ?",20, 30, 3,
 (r: ResultSet) => { r.getInt(1); r.getString(2) } ).cache()
//Print only first Column in the ResultSet
System.out.println(rdd.first)
```

   欲了解更多信息，请参阅 http://tinyurl.com/pd697q3 中 JdbcRDD 的操作。

- PairRDDFunctions：这个 API 提供可应用于键/值对 RDD 的操作。该 API 包含与 RDD 类似的操作，但它覆盖了无法应用于键/值 RDD 的某些功能。例如，RDD 提供了一个 aggnegatel()操作，它聚合每个分区的元素，然后为使用给定组合函数的所有分区来聚合结果。相同的操作不能应用于键/值，因此 PairRDDFunctions 引入了 aggregateByKey()，它根据键的值聚合数据。更多相关信息请参阅 http://tinyurl.com/po5vpxb，可查看 PairRDDFunctions 的操作。
- OrderedRDDFunctions：这个 API 类似于 PairRDDFunctions API，区别在于它适用于可排序且具有隐式转换的任何类型的键。此 API 提供所有基本类型的隐式排序，还提供支持元素/对象自定义排序的灵活性。例如，假设在键/值对的 RDD 中，键是一种类型的字符串，则比较两个键，并且数据集按如下排序：

```
Key1.toLowerCase.compare(Key2.toLowerCase)
```

   欲了解更多信息，请参阅 http://tinyurl.com/qhxxv3c 中 OrderedRDDFunctions 的操作。

- SequenceFileRDDFunctions：这里包含转换 RDD 的额外函数，该 RDD 使用隐式转换机制将键/值对转换为 Hadoop 序列文件。这个 API 将 RDD 转换为 Hadoop 的 Writable 接口的实现（http://tinyurl.com/qddpbv2）。欲了解更多信息，请参阅 http://tinyurl.com/ph4q6sf 中 SequenceFileRDDFunctions 的操作。

下面继续推进，讨论一些由已定义 RDD 的 API 所提供的重要转换和功能操作。

7.1.2 RDD 转换操作

在本节中，将讨论由不同类型的 RDD API 提供的一些重要且广泛使用的转换操作。
RDD API 公开了各种操作，从简单的数据集过滤到数据集分区和重新分区。下面来谈谈 RDD API 公开的一些操作。

- filter(filterFunc)：将所提供函数应用于 RDD 的所有元素，并仅为返回 true 的元素生成 RDD。
- map(mapFunc)：将一个给定函数应用于 RDD 的所有元素，并生成一个新的 RDD。
- flatMap(flatMapFunc)：类似于 map() 操作，但结果会被精简规整，然后生成一个新的 RDD 并返回最终结果集。
- mapPartitions(mapPartFunc,preservePartitioning)：返回应用所提供函数的新 RDD，每次提供的函数都对应已调用 RDD 的某个分区。自定义函数必须返回另一个迭代器 Iterator[U]，所有分区（所有迭代器 Iterators）的组合结果将转换为新的 RDD。第二个参数表示是否需要保留分区器。除非 RDD 包含键/值，否则这个参数应该为 false，并且提供的函数不调整或更改键。
- distinct()：这将生成包含已调用 RDD 中不同元素的新 RDD。
- union(otherDataset)：此操作将提供的数据集（RDD）和调用 RDD 组合起来。两个数据集中的公共元素都不会被丢弃，而将出现在最终的 RDD 中。如果需要丢弃重复的元素，那么就要使用 distinct() 操作。
- intersection(otherDataset)：将生成在调用和提供的 RDD 中所找到的公共元素的新 RDD。此操作不产生任何重复，还执行洗牌和跨集群的散列分区。
- groupByKey([numTasks])：此操作仅适用于键/值对的 RDD。它对密钥执行分组，并提供可迭代值 RDD<Key, Iterable<Value>>。
- reduceByKey(func,[numTasks])：此操作也适用于 RDD 的键/值对。当被调用时，它通过应用所提供的函数来产生每个聚合值。所提供的函数必须执行像 sum、average、subtract 等聚合操作。只要数据集连接是为唯一目的执行的聚合，建议使用 reduceByKey() 而不是 groupByKey()，因为 reduceByKey 的性能优于 groupByKey()。
- coalesce(numPartitions)：将 RDD 中的分区数减少到 numPartitions。在将大型数据集过滤到较小数量的分区后，可更有效地运行操作。
- sortBy(f,[ascending],[numTasks])：执行排序并返回带有排序元素的新 RDD。通过应用所提供的函数来执行排序。此操作还有助于定制排序的行为，可以在用户定义或自定义对象上实现自定义排序。
- sortByKey([ascending],[numTasks])：此操作在键/值对的 RDD 上可用，并且只有当键具有隐含的 Ordering [Key]作用域时才能被调用。虽然所有原始类型的排序已经存在，但仍可以自定义排序的行为并定义元素的自定义分类/排序。在隐式排序的情况下，将使用最接近的范围。输出 RDD 是一个洗牌后的 RDD，因为它存储由已洗牌的缩减器（reducer）输出的数据。该函数的实现首先使用范围分区器来划分在洗牌后 RDD 所包含范围中的数据。然后，使用标准排序机制通过 mapPartitions 单独排序这些范围中的数据。

- repartition(numPartitions)：此函数生成一个新的 RDD，其中包含基于作为参数提供的数量来减少或增加的分区数。
- join(otherDataset,[numTasks])：此操作适用于 RDD 的键/值对。它连接调用的键以及提供的 RDD 数据，并创建一个新的 RDD。例如，当与 K 和 V1 的 RDD 相结合时，K 和 V 的 RDD 将生成(K,(V,V1))的新 RDD。它在两个 RDD 的键上应用内部连接，并强制要求键可比较。API 还提供了相同操作的其他变体，例如 leftOuterJoin、rightOuterJoin 和 fullOuterJoin 可用于支持左、右和完全的外连接。

前面的操作只是对 RDD API 提供的各种变换操作的一瞥。可以在 API 文档中找到所介绍的操作的其他相关内容。

继续前进来了解 RDD API 公开的用于执行功能的操作，然后将使用这些转换和操作分析芝加哥犯罪数据集。

7.1.3　RDD 功能操作

在本节中，将讨论 RDD API 提供的一些重要且广泛使用的功能操作。

RDD API 公开了执行功能的各种操作，其范围从驱动程序控制台上的简单打印元素到在 HDFS 中持久化数据。下面介绍 RDD API 公开的一些操作。

- reduce(func)：此操作通过应用提供的函数来聚合 RDD 的元素，提供了众所周知的 reduce 功能（https://en.wikipedia.org/wiki/MapReduce），所提供函数应该是可交换和可关联的，以便可以并行、正确地计算结果。
- collect()：收集 RDD 的所有元素，将其转换为 Scala 数组，最后返回结果。同样的操作还有另一个变体，其接受一个函数，所提供的函数可应用于所有元素，然后再将这些元素添加到最终的 Scala 数组中。
- count()：计算 RDD 中元素的数量。
- countApproxDistinct(relativeSD: Double = 0.05)：顾名思义，此操作返回 RDD 中不同元素的近似数量，采用了基于流处理库 streamlib 的算法，该算法是 *HyperLogLog in Practice: Algorithmic Engineering of a State of the Art Cardinality Estimation Algorithm*（http://dx.doi.org/10.1145/2452376.2452456）一文内容的实现。此操作颇为高效，常被用于大 RDD 跨节点分布的情况下。通常此操作比其他计数方法更快。第二个参数控制计算的精度，取值必须大于 0.000017。还有

相同操作的其他变体,它们在键/值对的 RDD 上工作,例如 countApprox DistinctByKey,其计算每个差异键的差异值的近似数目。

- countByKey():此操作仅适用于键/值类型的 RDD,只计算键的数量,并返回(K,C)组成的 HashMap,其中 K 是键,C 是每个键的计数。
- first():提取数据集的第一个元素,并将其返回给用户。
- take(n):从 RDD 中提取前 n 个元素并将其返回给用户。这个操作的实现较为棘手,因为它涉及多个分区的搜索。
- takeSample(withReplacement, num, [seed]):返回数据集中 num 个元素的随机样本数组,无论其中有或没有替换,可选择预先指定随机数生成器种子。
- takeOrdered(Int:num):此操作首先按升序从指定的隐式 Ordering [T]对 RDD 的元素进行排序,然后以数组的形式返回指定数量的元素。
- saveAsTextFile(path:String):将 RDD 保留为文本文件,文件名使用所提供位置上 RDD 元素的字符串来表示。
- saveAsSequenceFile(path:String):此操作实现 Hadoop 的 org.apache.hadoop.io.Writable 接口,将元素的 RDD 转换为 Hadoop 序列文件,然后进一步保存在所提供的 HDFS 位置中。
- saveAsObjectFile(path:String):将 RDD 作为所提供位置上序列化对象的序列文件来保存。

前面的操作亦仅是 RDD API 所提供各种功能操作的一瞥。可以在 API 文档中找到前述操作的变体。

以上讨论了很多关于转换和功能操作内容,进入下一节后将使用这些操作来转换和分析芝加哥犯罪数据集。

7.2 编程 Spark 转换及操作

在本节中,将利用 RDD API 公开的各种功能来分析芝加哥犯罪数据集,从简单的操作开始,接着进行复杂的转换。首先,创建/定义一些基类,然后将开发转换逻辑。

执行以下步骤写入基本的构建块:

(1)扩展前面已建立的 Spark-Examples 项目,并以 chapter.seven.ScalaCrimeUtil.scala 为名创建一个新的 Scala 类。这个类会包含一些主要转换工作将会用到的应用函数。

(2)打开和编辑 ScalaCrimeUtil.scala 并添加以下代码段:

```
package chapter.seven
class ScalaCrimeUtil extends Serializable{

  /**
   * Create a Map of the data which is extracted by applying Regular
     expression.
   */
  def createDataMap(data:String): Map[String, String] = {

    //Replacing Empty columns with the blank Spaces,
    //so that split function always produce same size Array
    val crimeData = data.replaceAll(",,,", ", , , ")
    //Splitting the Single Crime record
    val array = crimeData.split(",")
    //Creating the Map of values
    val dataMap = Map[String, String](
    ("ID" -> array(0)),
    ("Case Number" -> array(1)),
    ("Date" -> array(2)),
    ("Block" -> array(3)),
    ("IUCR" -> array(4)),
    ("Primary Type" -> array(5)),
    ("Description" -> array(6)),
    ("Location Description" -> array(7)),
    ("Arrest" -> array(8)),
    ("Domestic" -> array(9)),
    ("Beat" -> array(10)),
    ("District" -> array(11)),
    ("Ward" -> array(12)),
    ("Community Area" -> array(13)),
    ("FBI Code" -> array(14)),
    ("X Coordinate" -> array(15)),
    ("Y Coordinate" -> array(16)),
    ("Year" -> array(17)),
    ("Updated On" -> array(18)),
    ("Latitude" -> array(19)),
```

```
    ("Longitude" -> array(20).concat(array(21)))
)
//Finally returning it to the invoking program
return dataMap
  }
}
```

上面的代码定义了一个效用函数 createDataMap(data:String),它将单行犯罪数据集转换为键/值对。

(3)创建转换工作。以 chapter.seven.ScalaTransformCrimeData.scala 为名创建一个新的 Scala 对象,并添加以下代码:

```
package chapter.seven

import org.apache.spark.{ SparkConf, SparkContext }
import org.apache.spark.rdd._
import org.apache.hadoop._
import org.apache.hadoop.mapred.JobConf
import org.apache.hadoop.io._
import org.apache.hadoop.mapreduce._

/**
 * Transformation Job for showcasing different transformations on the Crime
   Dataset.
 * @author Sumit Gupta
 *
 */
object ScalaTransformCrimeData {

  def main(args: Array[String]) {
    println("Creating Spark Configuration")
    //Create an Object of Spark Configuration
    val conf = new SparkConf()
    //Set the logical and user defined Name of this Application
    conf.setAppName("Scala - Transforming Crime Dataset")
    println("Creating Spark Context")
```

```
//Create a Spark Context and provide previously created
//Object of SparkConf as an reference.
val ctx = new SparkContext(conf)
//Define the location of the file containing the Crime Data
val file = "file:///home/ec2-user/softwares/crime-data/ Crimes_
  -Aug-2015.csv";
println("Loading the Dataset and will further process it")
//Loading the Text file from the local file system or HDFS
//and converting it into RDD.
//SparkContext.textFile(..) - It uses the Hadoop's
//TextInputFormat and file is broken by New line Character.
//Refer to http://hadoop.apache.org/docs/r2.6.0/api/org/ apache/
  hadoop/mapred/TextInputFormat.html
//The Second Argument is the Partitions which specify the parallelism.
//It should be equal or more then number of Cores in the cluster.
val logData = ctx.textFile(file, 2)

//Now Perform the Transformations on the Data Loaded by Spark
executeTransformations(ctx, logData)
//Stop the Context for Graceful Shutdown
ctx.stop()

}

/**
 * Main Function for invoking all kind of Transformation on Crime Data
 */
def executeTransformations(ctx: SparkContext, crimeData: RDD[String])
  { }
}
```

上面的代码加载犯罪数据集，然后定义了新的方法 executeTransformations。此方法是调用或执行任何芝加哥犯罪数据集所应用转换的中心点，接受由 Spark 以 RDD[String] 形式加载的数据集，并进一步分析，以找出企业、客户、市场分析师和其他人提出问题的答案。下面还将定义一些问题/场景，同样利用各种 Spark 转换和操作来提供解决方案。

场景 1

如何按犯罪类型分组查出 2015 年 8 月登记的犯罪总数？

解决方案 1

解决方案很简单。首先需要将数据转换为键/值对，再基于主类型（Primary Type）列过滤数据，然后基于主类型列最终聚合数据。结果将是键/值对的 RDD，其中键是犯罪类型，值作为计数。

以 findCrimeCountByPrimaryType 为名定义一个新函数，它位于 Scala 对象 ScalaTransformCrimeData 的关闭大括号之前，并添加以下代码：

```scala
/**
 * Provide the Count of All Crimes by its "Primary Type"
 */

def findCrimeCountByPrimaryType(ctx: SparkContext, crimeData: RDD[String]){

    //Utility class for Transforming Crime Data
    val analyzer = new ScalaCrimeUtil()

    //Flattening the Crime Data by converting into Map of Key/ Value Pair
    val crimeMap = crimeData.flatMap(x => analyzer.createDataMap(x))

    //Performing 3 Steps:
    //1. Filtering the Data and fetching data only for "Primary Type"
    //2. Creating a Map of Key Value Pair
    //3. Applying reduce function for getting count of each key
    val results = crimeMap.filter(f => f._1.equals("Primary Type")).
      map(x => (x._2, 1)).reduceByKey(_ + _)

    //Printing the unsorted results on the Console
    println("Printing the Count by the Type of Crime")
    results.collect().foreach(f => println(f._1 + "=" + f._2))
}
```

接下来，从 executeTransformations()方法调用以前的函数，至此大功告成。要执行作业，请执行以下步骤：

（1）利用 IDE（Eclipse）将项目导出为.jar 文件，将其命名为 spark-examples.jar，并

将此.jar 文件保存在$SPARK_HOME 的根目录中。

（2）打开 Linux 控制台，切换到$ SPARK_HOME，然后执行以下命令：

```
$SPARK_HOME/bin/spark-submit --class chapter.seven.
ScalaTransformCrimeData --master spark://ip-10-166-191-242:7077
spark-examples.jar
```

在上面的命令中，确保给参数--master 提供的值与在 Spark UI 上显示的值相同。

一旦执行以下命令，Spark 将执行所提供的转换函数，并最终在驱动程序控制台上打印结果，类似于图 7.1 所示。

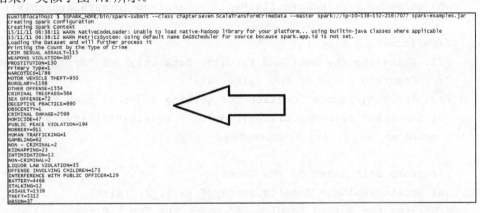

图 7.1

是不是很容易？下面转到下一个场景并执行一些真正的分析。

 按照代码中提供的注释来理解每个语句和执行的转换。相同的样式可用于解释其他场景。上一个问题语句的相应 Java 实现可以在本书提供的代码示例中找到。

场景 2

如何发现 2015 年 8 月在芝加哥发生的严重程度排名前五的犯罪？

解决方案 2

解决方案依然很简单，需要执行在解决方案 1 中执行的所有步骤，然后按降序对映射结果的值进行排序（计数），再取顶部数据，最后在控制台上打印数据。在 Scala 对象 ScalaTransformCrimeData 的关闭大括号之前添加一个名为 findTop5Crime()的新函数，并添加以下代码：

```scala
/**
 * Find the Top 5 Crimes by its "Primary Type"
 */
def findTop5Crime(ctx: SparkContext, crimeData: RDD[String]) {

  //Utility class for Transforming Crime Data
  val analyzer = new ScalaCrimeUtil()

  //Flattening the Crime Data by converting into Map of Key/ Value Pair
  val crimeMap = crimeData.flatMap(x => analyzer.createDataMap(x))

  //Performing 3 Steps:
  //1. Filtering the Data and fetching data only for "Primary Type"
  //2. Creating a Map of Key Value Pair
  //3. Applying reduce function for getting count of each key
  val results = crimeMap.filter(f => f._1.equals("Primary Type")).
    map(x => (x._2, 1)).reduceByKey(_ + _)

  //Perform Sort based on the Count
  val sortedResults = results.sortBy(f => f._2, false)
  //Collect the Sorted results and print the Top 5 Crime
  println("Printing Sorted Top 5 Crime based on the Primary Type of Crime")
  sortedResults.collect().take(5).foreach(f => println(f._1 + "=" + f._2))

}
```

现在从 executeTransformations()方法调用前面的函数，至此大功告成。要执行作业，请执行解决方案 1 中相同的步骤。一旦执行作业，Spark 将执行提供的转换函数，最后在驱动程序控制台上打印结果，类似于图 7.2 所示。

```
sumit@localhost $ $SPARK_HOME/bin/spark-submit --class chapter.seven.ScalaTransformCrimeData --master spark://ip-10-138-152-216:7077 spark-examples.jar
Creating Spark Configuration
Creating Spark Context
15/11/11 07:05:31 WARN NativeCodeLoader: Unable to load native-hadoop library for your platform... using builtin-java classes where applicable
15/11/11 07:05:32 WARN MetricsSystem: Using default name DAGScheduler for source because spark.app.id is not set.
Loading the Dataset and will further process it
Printing Sorted Top 5 Crime based on the Primary Type of Crime
THEFT=5312
BATTERY=4468
CRIMINAL DAMAGE=2599
NARCOTICS=1786
OTHER OFFENSE=1554
```

图 7.2

场景 3

如何发现 8 月份的犯罪总数并根据犯罪类型（主要类型）分组和排序？

解决方案 3

这种场景的解决方案相当明显，需要对犯罪类型进行自定义排序。为了实现这一点，需要执行解决方案 1 中的所有步骤，然后对犯罪类型执行自定义排序。应在 Scala 对象 ScalaTransformCrimeData 的关闭大括号之前以 findCrimeCountByPrimaryType()为名定义一个新函数，并添加以下代码片段：

```scala
/**
 * Provide Custom Sorting on the type of Crime "Primary Type"
 */
def performSortOnCrimeType(ctx: SparkContext, crimeData: RDD[String]) {

  //Utility class for Transforming Crime Data
  val analyzer = new ScalaCrimeUtil()

  //Flattening the Crime Data by converting into Map of Key/ Value Pair
  val crimeMap = crimeData.flatMap(x => analyzer.createDataMap(x))

  //Performing 3 Steps:
  //1. Filtering the Data and fetching data only for "Primary Type"
  //2. Creating a Map of Key Value Pair
  //3. Applying reduce function for getting count of each key
  val results = crimeMap.filter(f => f._1.equals("Primary Type")).
    map(x => (x._2, 1)).reduceByKey(_ + _)

  //Perform Custom Sort based on the Type of Crime (Primary Type)
  import scala.reflect.classTag
  val customSortedResults = results.sortBy(f => createCrimeObj(f._1, f._2), true)
  (CrimeOrdering, classTag[Crime])
  //Collect the Sorted results and print the Top 5 Crime
  println("Now Printing Sorted Results using Custom Sorting.............")
  customSortedResults.collect().foreach(f => println(f._1 + "=" + f._2))
```

```
}

/**
 * Case Class which defines the Crime Object
 */
case class Crime(crimeType: String, count: Int)

/**
 * Utility Function for creating Object of Class Crime
 */
val createCrimeObj = (crimeType: String, count: Int) => {
  Crime(crimeType, count)
}

/**
 * Custom Ordering function which defines the Sorting behavior.
 */
implicit val CrimeOrdering = new Ordering[Crime] {
  def compare(a: Crime, b: Crime): Int = a.crimeType.compareTo(b.crimeType)
}
```

现在，从executeTransformations()方法调用前面的函数，至此大功告成。要执行作业，执行之前在解决方案1中相同的步骤。一旦执行作业，Spark将执行提供的转换函数，最后在驱动程序控制台上打印结果，类似于图7.3所示。

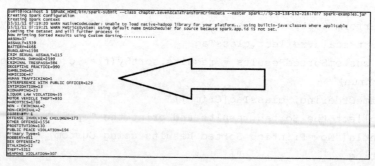

图7.3

第7章 使用 RDD 编程

场景 4

如何把过滤后的犯罪数据映射作为文本文件或对象文件存储在本地文件系统中？

解决方案 4

需要执行在解决方案 1 中执行的所有步骤，然后调用 saveAsTextFile(path:String)和 saveAsObjectFile(path:String)。在 Scala 对象 ScalaTransformCrimeData 的关闭大括号之前，以 persistCrimeData()为名定义一个新函数，并添加以下代码片段：

```
/**
 * Persist the filtered Crime Data Map into various formats (Text/ Object/
   HDFS)
 */
def persistCrimeData(ctx: SparkContext, crimeData: RDD[String]) {

  //Utility class for Transforming Crime Data
  val analyzer = new ScalaCrimeUtil()

  //Flattening the Crime Data by converting into Map of Key/ Value Pair
  val crimeMap = crimeData.flatMap(x => analyzer.createDataMap(x))

  //Performing 3 Steps:
  //1. Filtering the Data and fetching data only for "Primary Type"
  //2. Creating a Map of Key Value Pair
  //3. Applying reduce function for getting count of each key
  val results = crimeMap.filter(f => f._1.equals("Primary Type")).
    map(x => (x._2, 1)).reduceByKey(_ + _)

  println("Now Persisting as Text File")
  //Ensure that the Path on local file system exists till "output" folder.
  results.saveAsTextFile("file:///home/ec2-user/softwares/crime-data/
  output/Crime-TextFile"+System.currentTimeMillis())
    println("Now Persisting as Object File")
    //Ensure that the Path on local file system exists till "output" folder.
  results.saveAsObjectFile("file:///home/ec2-user/softwares/crime-data/
  output/Crime-ObjFile"+System.currentTimeMillis())
}
```

现在，从 executeTransformations()方法调用前面的函数，至此大功告成。要执行作业，请执行与之前解决方案 1 中相同的步骤。

场景 5

如何向 Hadoop HDFS 中保存数据？

解决方案 5

为了在 Hadoop HDFS 上保存数据，首先需要设置 Hadoop，因此执行以下步骤来设置 Hadoop 和 HDFS：

（1）从 https://archive.apache.org/dist/hadoop/common/hadoop-2.4.0/hadoop-2.4.0.tar.gz 下载 Hadoop 2.4.0 发行版，并将压缩包文件解压到已配置 Spark 的同一台机器上所选择的任何文件夹。

（2）打开 Linux Shell 并执行以下命令：

```
export HADOOP_PREFIX=<path of your directory where we extracted Hadoop>
```

（3）遵循 http://hadoop.apache.org/docs/r2.5.2/hadoop-project-dist/hadoop-common/SingleCluster.html 中定义的步骤进行单节点设置。完成所给链接中定义的前提条件后，可以执行伪分布式模式或完全分布式模式的设置指令。对目前场景而言，伪分布式模式将有效工作，但不妨碍尝试后者。

（4）完成设置后，打开 Linux Shell 并执行以下命令：

```
$HADOOP_PREFIX/bin/hdfs namenode -format
$HADOOP_PREFIX/sbin/start-dfs.sh
```

（5）第一个命令将格式化 namenode 节点并使文件系统准备好待用。使用第二个命令启动所需的最少 Hadoop 服务，其中将包括 namenode 和辅助 namenode。

（6）执行这些命令在 HDFS 中创建一个目录结构，将于此存储数据：

```
$HADOOP_PREFIX/bin/hdfs dfs -mkdir /spark
$HADOOP_PREFIX/bin/hdfs dfs -mkdir /spark/crime-data
$HADOOP_PREFIX/bin/hdfs dfs -mkdir /spark/ crime-data/oldApi
$HADOOP_PREFIX/bin/hdfs dfs -mkdir /spark/s crime-data/newApi
```

如果一切正常，无任何异常出现，请打开浏览器，浏览网址 http://localhost.50070/explorer.html#/，将能够看到由上述命令创建的空目录，如图 7.4 所示。

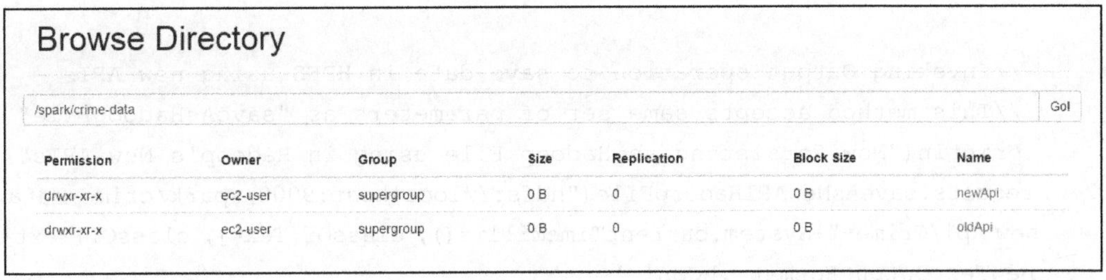

第 7 章 使用 RDD 编程

![Browse Directory screenshot showing /spark/crime-data with two entries newApi and oldApi]

图 7.4

图 7.4 显示了 HDFS 文件系统浏览器，在其中可以浏览、查看和下载用户使用 HDFS API 创建的任何文件。

 有关 Hadoop 和 HDFS 的更多信息，请参阅 http://hadoop.apache.org/。

当完成 Hadoop 安装后，修改现有函数 persistCrimeData()，并在关闭大括号之前添加以下代码片段：

```
//Creating an Object of Hadoop Config with default Values
val hConf = new JobConf(new org.apache.hadoop.conf.Configuration())

//Defining the TextOutputFormat using old APIs available with =<0.20
val oldClassOutput = classOf[org.apache.hadoop.mapred.TextOutputFormat
[Text,Text]]
//Invoking Output operation to save data in HDFS using old APIs
//This method accepts the following Parameters:
//1.Path of the File on HDFS
//2.Key - Class which can work with the Key
//3.Value - Class which can work with the Key
//4.OutputFormat - Class needed for writing the Output in a specific
  Format
//5.HadoopConfig - Object of Hadoop Config
println("Now Persisting as Hadoop File using in Hadoop's Old APIs")
results.saveAsHadoopFile("hdfs://localhost:9000/spark/crime-data/oldAp
i/Crime-"+System.currentTimeMillis(), classOf[Text], classOf[Text],
oldClassOutput ,hConf)
//Defining the TextOutputFormat using new APIs available with >0.20
val newTextOutputFormat = classOf[org.apache.hadoop.mapreduce.lib.
output.TextOutputFormat[Text, Text]]
```

```
//Invoking Output operation to save data in HDFS using new APIs
//This method accepts same set of parameters as "saveAsHadoopFile"
println("Now Persisting as Hadoop File using in Hadoop's New APIs")
results.saveAsNewAPIHadoopFile("hdfs://localhost:9000/spark/crime-data/
new Api/Crime-"+System.currentTimeMillis(), classOf[Text], classOf[Text],
newTextOutputFormat ,hConf )
```

要执行作业，请执行与之前解决方案 1 中相同的步骤，执行完后，将看到生成的数据文件，并持久保存在 Hadoop HDFS 中，如图 7.5 所示。

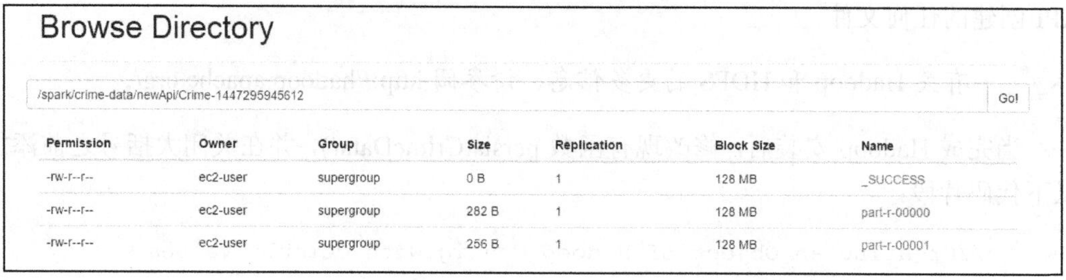

图 7.5

场景 6

如何发现按照 IUCR 代码名称分类的 8 月份登记的犯罪总数？

解决方案 6

IUCR（Illinois Uniform Crime Reporting）代码是芝加哥警察局提供的标准犯罪代码。它们需要从 http://data.cityofchicago.org/Public-Safety/Chicago-Police-Department-Illinois-Uniform-Crime-R/c7ck-438e 下载，并以 IUCRCodes.txt 为名存储在同一目录中，那里存储了本书所用的芝加哥犯罪数据。现在解决方案将分为两个步骤。首先需要根据 IUCR 代码对犯罪进行分组，然后需要合并 IUCR 代码，并用 IUCRCodes.txt 文件中的真实名称添加/替换它们。

执行以下步骤来实施解决方案：

（1）在 ScalaCrimeUtil.scala 中以 createIUCRDataMap() 为名定义一个新函数。此函数将 IUCR 数据文件转换为键/值对映射。接下来，在 createIUCRDataMap() 中添加以下代码：

```
/**
 * Create a Map of the data which is extracted by applying Regular
   expression.
```

第 7 章 使用 RDD 编程

```
  */
def createIUCRDataMap(data:String): Map[String, String] = {

  //Replacing Empty columns with the blank Spaces,
  //so that split function always produce same size Array
  val icurData = data.replaceAll(",,,", ", , , ")
  //Splitting the Single Crime record
  val array = icurData.split(",")
  //Creating the Map of values "IUCR Codes = Values"
  val iucrDataMap = Map[String, String](
  (array(0) -> array(1))
  )
//Finally returning it to the invoking program
return iucrDataMap
}
```

（2）在 Scala 对象 ScalaTransformCrimeData 的关闭大括号之前添加一个名为 findCrimeCountByIUCRCodes()的新函数，并添加以下代码片段：

```
  /**
   * Find the Crime Count by IUCR Codes and also display the IUCR Code Names
   */
  def findCrimeCountByIUCRCodes(ctx: SparkContext, crimeData: RDD[String]) {

    //Utility class for Transforming Crime Data
    val analyzer = new ScalaCrimeUtil()

    //Flattening the Crime Data by converting into Map of Key/ Value Pair
    val crimeMap = crimeData.flatMap(x => analyzer.createDataMap(x))

    //Performing 3 Steps
    //1. Filtering the Data and fetching data only for "Primary Type"
    //2. Creating a Map of Key Value Pair
    //3. Applying reduce function for getting count of each key
    val results = crimeMap.filter(f => f._1.equals("IUCR")).
      map(x => (x._2, 1)).reduceByKey(_ + _)
```

```
//Loading IUCR Codes File in Spark Memory
val iucrFile = "file:///home/ec2-user/softwares/crime-data/ IUCRCodes.
txt";
println("Loading the Dataset and will further process it")
val iucrCodes = ctx.textFile(iucrFile, 2)
//Convert IUCR Codes into a map of Values
val iucrCodeMap = iucrCodes.flatMap(x => analyzer.
createIUCRDataMap(x))
//Apply Left Outer Join to get all results from Crime RDD
//and matching records from IUCR RDD
val finalResults = results.leftOuterJoin(iucrCodeMap)

//Finally Print the results
finalResults.collect().foreach(f => println(""+f._1 + "=" +
f._2))

}
```

至此，大功告成。下一步是执行前面的代码段。执行与之前解决方案1中相同的步骤。一旦执行完作业，其结果将类似于图7.6所示。

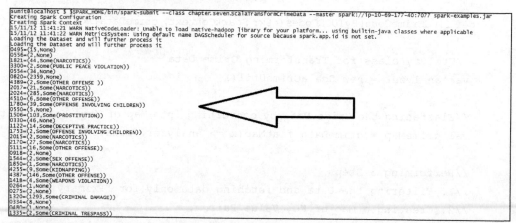

图 7.6

图7.6的屏幕截图显示了Spark作业的输出，它合并了两个不同的数据集，然后在驱动程序控制台上打印结果。

IUCR 代码名称的一些值打印为 None，因为 IUCR 代码文件（IUCRCodes.txt）中没有匹配的代码。由于使用 leftOuterJoin，所以考虑来自左侧数据集（犯罪记录）的所有数据，而只有匹配的记录取自右侧数据集（IUCR 码），所有不匹配的记录被标记为 None。

在本节中讨论了用于执行转换和操作来解决现实生活中问题的代码语句示例。继续前进到下一节讨论 Spark 中的持久性。

7.3 Spark 中的持久性

在本节中将讨论如何在 Spark 中处理持久性或缓存。下面将讨论 Spark 提供的各种持久性和缓存机制及其重要性。

持久性/缓存是 Spark 的重要组件和功能之一。之前谈到 Spark 中的计算/转换是延迟执行的，除非在 RDD 上调用操作，否则实际计算不会发生。虽然这是一种默认行为并提供容错，但有时也会影响作业的整体性能，特别是当在计算中利用和使用公共数据集时。

通过 RDD 中公开的 persist() 或 cache() 操作，持久性/缓存帮助用户解决这个问题。所有节点内存里将 persist() 或 cache() 操作存储在调用 RDD 的计算分区中，并在该数据集（或从其派生的数据集）上的其他操作中重用它们。这使得未来的转换/操作更快——有时超过 10 倍。缓存/持久性也是机器学习和迭代算法的关键工具。

Spark 提供不同级别的持久性，其被称为存储级别，允许用户将数据只存储在内存中，只存储在磁盘上，以压缩形式存在内存中，或者使用一些如 Tachyon（http://tachyon-project.org/）的离线堆存储机制。所有这些存储级别由 org.apache.spark.storage.StorageLevel 定义。

下面讨论 Spark 所提供的各种存储级别以及它们的合适用例。

- ❏ StorageLevel.MEMORY_ONLY：此存储级别将 RDD 存储在非序列化的 Java 对象中，这些 Java 对象在 Spark 集群内存里。如果内存不足以存储完整的数据集，则一些分区可能不被存储，并且将在每次需要时重新计算。这是默认级别，也是允许 Spark 作业的最高性能水平。只有当有足够内存将计算数据集存储/保存在内存中时，才应考虑此级别。
- ❏ StorageLevel.MEMORY_ONLY_SER：这与 MEMORY_ONLY 类似，区别在于它以序列化 Java 对象的形式存储计算数据，这反过来有助于节省一些内存空间。

需要谨慎应用序列化/反序列化机制以避免出现额外开销。简而言之，需要使用快速序列化库，比如 https://github.com/EsotericSoftware/kryo。

 请参阅 http://spark.apache.org/docs/latest/tuning.html#data-serialization 以了解有关调整和优化序列化过程的更多信息。

- StorageLevel.MEMORY_AND_DISK：类似于 MEMORY_ONLY，唯一的区别在于当内存不足以存储一切数据时，它将计算的分区存储在磁盘上。StorageLevel.MEMORY_AND_DISK 从磁盘读取计算分区，并且不会在每次请求数据时重新计算。需要谨慎使用这个级别，并确保从磁盘读取和写入数据集真的比整个重新计算过程更快。

- StorageLevel.MEMORY_AND_DISK_SER：类似于 MEMORY_AND_DISK，区别在于它以序列化 Java 对象的形式存储计算的分区。与 MEMORY_ONLY_SER 级别类似，需要小心使用快速序列化库，并确保序列化过程不会导致显著的延迟。

- StorageLevel.DISK_ONLY：这将计算的分区存储在磁盘上。在内存中没有任何内容，并且每次请求时读取数据。这个存储级别不建议用于性能至上的作业。

- StorageLevel.MEMORY_ONLY_2、MEMORY_AND_DISK_2 等：以_2 结尾的所有存储级别都提供与先前定义的级别类似的功能，新增性能为将计算分区复制到 集群中至少两个节点上。例如，MEMORY_ONLY_2 类似于 MEMORY_ONLY，但同时它还将计算分区复制到集群中的两个节点上。

- StorageLevel.OFF_HEAP：此存储级别标记为实验性，并且仍在针对实际生产用例进行测试。在 OFF_HEAP 存储级别下，数据以序列化格式存储在 Tachyon（http://tachyon-project.org/）中。Tachyon 是一种优化的离线堆存储解决方案，它减少了垃圾收集的开销，并允许更小的执行器且共享一个内存池，这反过来使得它需要在大堆数据存储的环境中或在多个并发应用程序运行在同一个 JVM 中才能生效。将数据存储在如 Tachyon 这样的堆外存储中还有一个额外的好处，即 Spark 不必在 Spark 执行器崩溃的情况下重新计算数据。由于缓存分区存储在离线堆内存中，Spark 执行器仅用于执行 Spark 作业和堆内存用作数据存储两种情况。在这种模式下，Tachyon 中的内存可以被丢弃。因此，Tachyon 不试图重建它从内存中驱逐的块。

 Spark 提供同 Tachyon 的兼容性支持。可参考 http://tachyon-project.org/master/Running-Spark-on-Tachyon.html 获取有关 Spark 与 Tachyon 集成的更多信息。

除了不同的存储级别，Spark 通过在洗牌操作（例如 reduceByKey）中保存中间数据来提供性能优化，即使是在没有用户显式调用持久性的情况下。这样做是为了避免在洗牌期间节点故障时要重新计算整个输入。还需要注意的是，对于 RDD 持久化级别只可以定义一次，一旦定义后，在作业执行的生命周期中不能更改。

Spark 利用近期最少使用（LRU）来自动从内存中丢弃或刷新数据（基于存储级别），但是也可以显式地调用 RDD.unpersist()来释放 Spark 内存。

7.4 本章小结

在本章中，讨论了 Spark RDD API 提供的各种转换及操作，还讨论了各种现实问题，并通过使用 Spark 转换及操作来解决它们。最后，还讨论了 Spark 提供的用于性能优化的持久性/高速缓存。

在下一章中，将讨论使用 Spark SQL 的交互式分析。

第 8 章　Spark 的 SQL 查询引擎——Spark SQL

所有现代企业的关键目标是达成对数据的轻松访问，并让使用者能够执行迅速快捷的分析和做出明智的决策。

使用结构化查询语言（SQL）（https://en.wikipedia.org/wiki/SQL）的交互式分析是一个这样的选项，它一直帮助企业实现这个关键目标。不用说，由于它的几个优点（http://www.moreprocess.com/database/sql/pros-advantages-of-sql-structured-query-language），SQL 一直是分析师们的首选语言，但是随着大数据的出现，很难继续使用 RDBMS 上的 SQL 进行交互式分析，因此迫切需要一个框架，可以在 NoSQL 数据库、Hadoop 等各种大数据框架上提供类似于 SQL 的接口。这种需求很快就实现了，Apache 引入了 Apache Hive（https://hive.apache.org/），它提供了一个类似 SQL 的接口及近似 SQL 的语法，使得分析师们能够对存储在 HDFS 中的数据执行分析。

对 Hive 的功能没有疑问，但 Hive 没有达到交互式分析的主要目标。Apache Hive 扩展了 Hadoop 和 MapReduce 的原理，这主要意味着拥有批处理功能同时缺乏实时或交互式分析的能力。

Apache Spark 作为一个内存分布式处理框架，很快就意识到了这一需求，并在其核心框架上提供了另一个扩展/库：Spark SQL（http://spark.apache.org/sql/）。

在本章中，将讨论 Spark SQL 的架构及其各种功能，使分析人员能够在大数据上近乎实时地执行交互式分析/解析。

本章将讨论以下主题：
- Spark SQL 的体系结构
- 编写第一个 Spark SQL 作业
- 将 RDD 转换为 DataFrame
- 使用 Parquet
- 使用 Hive 表
- 性能调优和最佳实践

8.1 Spark SQL 的体系结构

在本节中将讨论 Spark SQL 的总体设计、架构和各种组件。这将帮助读者了解 Spark SQL 的各种特色和功能。

8.1.1 Spark SQL 的出现

在诸如 Oracle、MySQL 等关系数据库管理系统（RDBMS）的关系结构中存储数据，并利用 SQL 对数据执行分析是过去众所周知的行业标准，所分析数据收集自在线门户、调查等多种来源。

此方式在不超过几个 GB 这样数据量有限合理的情况下工作正常。一旦数据量发展到 TB 级别，它便遭遇极大挑战，比如 SQL 查询会需要几个小时，有时查询甚至无法完成，并可能导致整个系统本身的多次崩溃。

于是 Apache Hadoop（https://en.wikipedia.org/wiki/Apache_Hadoop）应运而生，它作为一个分布式、可扩展、容错、并行和批处理框架，可用于在商用硬件上处理 TB/PB 级别的数据。Hadoop 是在 MapReduce（http://tinyurl.com/m5wgezy）的流行编程范式上开发的。虽然 Hadoop 本是为可以使用 Java 开发冗长、复杂的 MapReduce 程序的硬核 Java 程序员设计的，但在 Hadoop 之上也引入了诸如 Pig（https://pig.apache.org/）和 Hive（https://hive.apache.org/）来供非 Java 背景人士进行应用开发。

Apache Pig 更像是一种脚本语言，而 Hive 提供了类似 SQL 的语法，分析人员可以编写类似 SQL 的查询，这些查询自动转换为 MapReduce 作业，在集群节点上执行，最终生成结果。

Hadoop 为大数据处理带来了革命，如 Apache Hive 等相关框架很快在分析师中间流行，被用为 TB/PB 级别数据的分析框架。Hive 的唯一缺点是它以批处理模式执行查询，查询可能需要几分钟到几小时，这违背了交互式分析的原则。

于是需要一个框架，它可以在几秒或几分钟内而不是几小时内产生结果。根据了解到的情况，仅有关系方法显然不足以满足各种大数据应用需求，这些需求得和声明性查询（关系方法）一起编写/执行过程语言来支持。

Spark SQL 的开发目的是为用户提供关系查询和复杂过程算法（如机器学习算法）混合应用的灵活性，此类应用在内存中执行分析，可在几秒或几分钟内生成结果。这里有几个 Spark SQL 的显著特点：

- 支持已经在 Spark 内存（RDD）中与外部数据源中数据的合并和结合，最终还提供关系处理。
- 利用已建立的 DBMS 技术同时提供高性能。
- 支持新的数据源，其中包括半结构化数据和适用于查询联合的外部数据库。
- 使用如图形处理和机器学习这样的高级分析算法来实现扩展。

Spark SQL 于 2014 年 5 月首次发布，是 Spark 中活跃的开发组件之一。它经过了实战考验。Spark SQL 已经部署在大规模数据处理环境中，其中集群规模约为 8000 个节点和超过 100 PB 的数据。是不是很有意思？

之后将对其进行更多的讨论，并且给出一些现实世界的例子，但在此之前先转到下一部分，我们将讨论 Spark SQL 的整体架构和组件。

8.1.2　Spark SQL 的组件

在本节中，将讨论 Spark SQL 所提供的各种组件。Spark SQL 是作为核心 Spark API 的单独扩展来开发的，引入了两个新组件以实现所需的目标。

- DataFrame API：这是用于对外部数据源和 Spark 内置分布式数据集合执行关系操作的 API。
- Catalyst optimizer：这是一个可扩展的优化器，用于为像机器学习这样的各种领域添加新的数据源、优化规则和数据类型。

下面将详细讨论这两个组件，现在先看看 Spark SQL 的整体架构。

图 8.1 显示了 Spark SQL 及其各种组件的高级体系结构。下面接着讨论 Spark SQL 的两个主要组件。

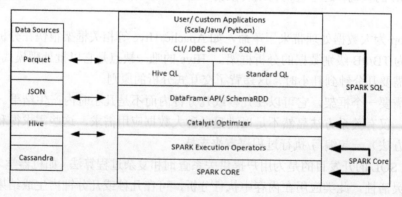

图 8.1

1. DataFrame API

DataFrame 或 SchemaRDD 不是一个新概念,它已经在 R 语言(www.r-tutor.com/r-introduction/data-frame)中或 Python 的 Pandas(http://pandas.pydata.org/pandas-docs/stable/dsintro.html)中得以实现。

Spark 扩展并利用了相同的概念,其所实现的 DataFrame 用于存储具有相同模式的分布式行集合。它是 Spark SQL API 中的主要抽象,相当于关系数据库中的表。可以像对 Spark Core 分布式集合(RDD)一样以类似的方式操作。DataFrame 跟踪其模式并支持导致更优化执行的各种关系操作。下面讨论 DataFrame 的一些特性。

2. DataFrame 和 RDD

DataFrame 像是行对象的 RDD 一般,其允许用户调用如 map、reduce 等过程性的 SPARK API 函数。它们可以通过各种各样的方式来构建,既能直接从关系数据存储中的表或 JSON 或 Cassandra 来构建,或者从 Scala/Java/Python 代码创建的现有 RDD 中来构建。一旦构造好 DataFrame,就可以使用诸如 Group By、Order By 等各种关系运算符来查询或操作它们,这些运算符接受领域特定语言中的表达式。

注意,像 RDD 一样,DataFrame 也是延迟执行的,除非用户调用例如 DataFrame 上的 print()或 count()之类的输出操作,否则不会有物理执行发生。如 RDD 一样的 DataFrame 还将数据缓存在内存中,但它们以列存储的形式存储,这样有助于减少内存占用。它们还应用例如字典编码和运行长度编码之类的列式压缩方案,这使得它们更优于 RDD 中原生 Java/Scala 对象的缓存。

3. 用户定义函数

DataFrames 还支持用户定义函数(UDF),它们可以应用为内联函数从而无须复杂的打包和注册过程。一旦完成注册,它们也可以通过 JDBC/ODBC 接口由商业智能工具使用。DataFrames 还提供了在整个表上定义 UDF 的灵活性,然后将它们作为高级分析函数公开给 SQL 用户。

这里是基本的 Scala 代码,显示如何从 JSON 文件构造 DataFrame:

```
val sparkCtx = new SparkContext(new SparkConf())
val sqlCtx = new SQLContext(sparkCtx)
//This will return the DataFrame which can be further queried
val dataFrame = sqlCtx.read.json("/home/ec2-user/softwares/company.json")
```

4. DataFrame 和 SQL

在高级别上，DataFrame 提供了与 SQL 相类似的功能。使用 Spark SQL 和 DataFrame，与关系查询（SQL）相比，执行分析要容易得多。DataFrame 为用户提供的一站式解决方案中，不仅可以编写 SQL 查询，还可以开发和利用 Scala、Java 或 Python 函数，并在它们之间传递 DataFrame 来构建一个逻辑计划，并且到最终执行时能自整个计划的优化中受益。开发人员可以使用如 if 语句和循环的控制结构来构造其工作。

DataFrame API 在相当早时就分析了逻辑规划，以便在开发人员编码时识别例如缺少列名之类的错误，但是实际查询仍然仅在调用输出操作时执行。

下面将讨论从各种数据源（Parquet、Hive 或 JSON）加载和处理（SQL 或 Scala 代码）数据的各种示例，但在此之前，还要了解 Spark SQL 的其他组件。

8.1.3　Catalyst Optimizer

Catalyst Optimizer 专门用于优化 SQL 查询或 DataFrame 生成的代码以执行数据分析。它基于 Scala 中的函数式编程结构，并支持基于规则和基于成本的优化。Catalyst 的目标是首先确保新的优化技术和功能易于添加到 Spark SQL，其次使社区开发人员能够扩展和添加新的数据源规则到优化器，或添加新的数据类型没有太多问题。这两个目标都很容易通过利用 Scala 编程结构来实现。在高级别上，Catalyst 包括以下的不同阶段：

- ❏ 分析
- ❏ 逻辑优化
- ❏ 物理规划
- ❏ 代码生成

图 8.2 是所有前面阶段如何相互连接的高级流程：

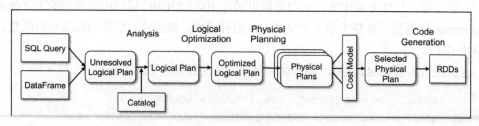

图 8.2

下面简单讨论一下 Spark SQL 的每个阶段。

- 分析（Analysis）：在此阶段，Spark SQL 构建了一些关系，这些关系既可能来自 SQL 所产生的 AST（抽象语法树的缩写），又可能来自使用 Spark SQL API 构建的 DataFrame 对象。此阶段从缺少关系的未解析逻辑计划的创建开始，例如，SQL 查询 Select name from emp 不会分辨该查询是否有效（有效的列名称或表名称）。它对查询执行 Catalyst 的规则，将其转换为逻辑计划。以下是在未解析逻辑计划之上执行 Catalyst 规则的几个示例：
  - Spark SQL 维护所有表及其列的目录，因此非常基本的规则是通过查看目录来验证关系。
  - 验证不同列和应用运算符间的映射。
  - 验证并解析子表达式和运算符，运算符被用于评估子表达式及其类型。
- 逻辑优化（Logical Optimization）：一旦创建逻辑计划，下一步就是逻辑优化阶段，其中将基于标准规则的优化应用于逻辑计划，这包括诸如常量折叠、谓词下推、投影修剪、空传播、布尔表达式简化等。基于成本的优化也可以通过使用规则生成多个计划，然后计算它们的成本来执行。在 Scala 中，这些类型的优化更容易编码，并提供更丰富的功能，其功能超出了简单的模式匹配。最好的例子是用于逻辑优化的整段代码不超过 700 行。
- 物理计划（Physical Planning）：逻辑计划后的下一步是使用与 Spark 执行引擎匹配的物理运算符生成一个或多个物理计划。然后，它使用成本模型选择物理计划。物理计划器还执行基于规则的物理优化，例如，将投影或过滤器流水线化到一个 Spark 映射操作中。此外，它可以将操作从逻辑计划推送到支持谓词或投影下推的数据源。
- 代码生成（Code Generation）：整个过程的最终阶段是生成可以在所有节点上执行的字节/二进制代码。Spark 本质上是全内存，这意味着它受 CPU 约束，因此用 Catalyst 生成最终代码时需格外谨慎。考虑所有因素后，Spark 开发者们决定利用 Scala 语言的特殊功能 quasiquotes（http://docs.scala-lang.org/overviews/quasiquotes/intro.html）来使代码生成更简单、更高效。

有关 Spark SQL 架构和组件的更多信息，请参阅 http://people.csail.mit.edu/matei/papers/2015/ sigmod_spark_sql.pdf。

8.1.4　SQL/Hive context

除了 DataFrames 和 Catalyst 之外，Spark SQL 还公开了另一个组件 SQLContext。

SQLContext 封装了 Spark 中的所有关系功能,是访问所有 Spark SQL 功能的入口点。SQLContext 是从现有 SparkContext 创建的。

HiveContext 提供了 SQLContext 中所提供功能的超集,用于通过 HiveQL 解析器写入查询,并从 Hive 表中读取数据。

将在后续章节提供的各种示例中快速讨论和使用 SQL/Hive context。在本节中讨论了 Spark SQL 的各种组件和体系结构。继续前进,通过适当的示例来了解 Spark SQL 的各种功能。

8.2 编写第一个 Spark SQL 作业

在本节中,将讨论用 Scala 和 Java 来编写 Spark SQL 作业的基础知识。Spark SQL 提供了丰富的 DataFrame API(http://spark.apache.org/docs/latest/api/scala/index.html#org.apache.spark.sql.DataFrame),可用于加载和分析各种形式的数据集。它不仅提供从 Hive、Parquet 和 RDBMS 这样结构化格式来加载/分析数据的操作,还提供从 JSON 格式和 CSV 格式等半结构化格式来加载数据的灵活性。除了 DataFrame API 公开的各种显式操作之外,还便于对 Spark 中已加载的数据执行 SQL 查询。

继续前进,使用 Scala 编写第一个 Spark SQL 作业,然后将查看使用 Java 的相应实现。

8.2.1 用 Scala 编写 Spark SQL 作业

在本节中将使用 Scala API 编写和执行第一个 Spark SQL 作业。

这是本书的第一个 Spark SQL 作业,将采用以公司(company)、部门(department)和员工(employee)组成 JSON 格式的简单数据为示例。参考如下的代码:

```
[
  {
    "Name":"DEPT_A",
    "No_Of_Emp":10,
    "No_Of_Supervisors":2
  },
  {
    "Name":"DEPT_B",
    "No_Of_Emp":12,
    "No_Of_Supervisors":2
```

```
    },
    {
        "Name":"DEPT_C",
        "No_Of_Emp":14,
        "No_Of_Supervisors":3
    }
]
```

需要复制前面的 JSON 数据并将其保存在保存芝加哥犯罪数据集的相同位置,并将其命名为 company.json。

接下来,执行以下步骤使用 Scala API 处理相同的数据:

(1)打开 Spark-Examples 项目并创建一个名为 chapter.eight.ScalaFirstSparkSQLJob 的新包及 Scala 对象。

(2)编辑 ScalaFirstSparkSQLJob,并在包声明下面添加以下代码片段:

```
import org.apache.spark.sql._
import org.apache.spark._

object ScalaFirstSparkSQLJob {

  def main(args: Array[String]) {
      //Defining/ Creating SparkConf Object
      val conf = new SparkConf()
      //Setting Application/ Job Name
      conf.setAppName("First Spark SQL Job in Scala")
      // Define Spark Context which we will use to initialize our SQL Context
      val sparkCtx = new SparkContext(conf)
      //Creating SQL Context
      val sqlCtx = new SQLContext(sparkCtx)
//Defining path of the JSON file which contains the data in JSON Format
val jsonFile = "file:///home/ec2-user/softwares/crime-data/ company.json"

      //Utility method exposed by SQLContext for reading JSON file
      //and create dataFrame
      //Once DataFrame is created all the data names like "Name" in the JSON file
      //will interpreted as Column Names and their data Types will be
```

```
            //interpreted automatically based on their values
            val dataFrame = sqlCtx.read.json(jsonFile)

            //Defining a function which will execute operations
            //exposed by DataFrame API's
            executeDataFrameOperations(sqlCtx,dataFrame)
            //Defining a function which will execute SQL Queries using
            //DataFrame API's
            executeSQLQueries(sqlCtx,dataFrame)

    }

    /**
     * This function executes various operations exposed by DataFrame API
     */
    def executeDataFrameOperations(sqlCtx:SQLContext, dataFrame:DataFrame): Unit = {
        //Invoking various basic operations available with DataFrame
        println("Printing the Schema...")
        dataFrame.printSchema()
        //Printing Total Rows Loaded into DataFrames
        println("Total Rows - "+dataFrame.count())
        //Printing first Row of the DataFrame
        println("Printing All Rows in the Data Frame")
        println(dataFrame.collect().foreach { row => println(row) })
        //Sorting the records and then Printing all Rows again
        //Sorting is based on the DataType of the Column
        //In our Case it is String, so it be natural order sorting
        println("Here is the Sorted Rows by 'No_Of_Supervisors' - Descending")
dataFrame.sort(dataFrame.col("No_Of_Supervisors").desc).show(10)
    }

    /**
     * This function registers the DataFrame as SQL Table and execute SQL Queries
     */
    def executeSQLQueries(sqlCtx:SQLContext,
```

```
dataFrame:DataFrame):Unit = {

    //The first step is to register the DataFrame as temporary table
    //And give it a name. In our Case "Company"
    dataFrame.registerTempTable("Company")
    println("Executing SQL Queries...")
    //Now Execute the SQL Queries and print the results
    //Calculating the total Count of Rows
    val dfCount = sqlCtx.sql("select count(1) from Company")
    println("Calculating total Rows in the Company Table...")
    dfCount.collect().foreach(println)

    //Printing the complete data in the Company table
    val df = sqlCtx.sql("select * from Company")
    println("Dumping the complete Data of Company Table...")
    dataFrame.collect().foreach(println)

    //Printing the complete data in the Company table sorted by Supervisors
val dfSorted = sqlCtx.sql("select * from Company order by No_Of_Supervisors desc")
println("Dumping the complete Data of Company Table, sorted by Supervisors - Descending...")
    dfSorted.collect().foreach(println)

}}
```

上一段代码加载并转换 JSON 数据（company.json），然后使用 DataFrame API 执行了一些操作，并使用 SQL 查询执行转换。

（3）接下来将执行 ScalaFirstSparkSQLJob 并在驱动程序控制台上查看结果。假设 Spark 集群已启动并运行，只需要使用相同的 spark-submit 应用工具来提交作业。这与在第 6 章 "熟悉 Spark" 中 "用 Scala 编写 Spark 作业" 中所做的一样。此处的 spark-submit 命令看起来像这样：

```
$SPARK_HOME/bin/spark-submit --class chapter.eight.
ScalaFirstSparkSQLJob --master spark://ip-10-166-191-242:7077
spark-examples.jar
```

一旦执行该命令，作业即开始执行，并将产生类似于图 8.3 所示的结果。

```
Sumit@localhost $ $SPARK_HOME/bin/spark-submit --class chapter.eight.ScalaFirstSparkSQLJob --master spark://ip-10-231-73-237:7077 spark-examples.jar
15/11/19 02:20:03 WARN NativeCodeLoader: Unable to load native-hadoop library for your platform... using builtin-java classes where applicable
15/11/19 02:20:04 WARN MetricsSystem: Using default name DAGScheduler for source because spark.app.id is not set.
Printing the Schema...
root
 |-- Name: string (nullable = true)
 |-- No_Of_Emp: long (nullable = true)
 |-- No_Of_Supervisors: long (nullable = true)

Total Rows - 3
Printing All Rows in the Data Frame
[DEPT_A,10,2]
[DEPT_B,12,2]
[DEPT_C,14,3]
()
Here is the Sorted Rows by 'No_Of_Supervisors' - Descending
+------+---------+-----------------+
| Name |No_Of_Emp|No_Of_Supervisors|
+------+---------+-----------------+
|DEPT_C|      14 |                3|
|DEPT_A|      10 |                2|
|DEPT_B|      12 |                2|
+------+---------+-----------------+
Executing SQL Queries...
Calcuating total Rows in the Company Table...
[3]
Dumping the complete Data of Company Table...
[DEPT_A,10,2]
[DEPT_B,12,2]
[DEPT_C,14,3]
Dumping the complete Data of Company Table, sorted by Supervisors - Descending...
[DEPT_C,14,3]
[DEPT_A,10,2]
[DEPT_B,12,2]
```

图 8.3

图 8.3 显示了第一个 Spark SQL 作业在驱动程序控制台上的输出。下一节使用 Spark Java API 对同一个作业进行代码编写工作。

8.2.2　用 Java 编写 Spark SQL 作业

在本节中将结合 Spark SQL Java API 来讨论和编写第一个 Spark SQL 作业。

假设在 8.2.1 节中创建的 company.json 仍然存在于集群上，请执行以下步骤来处理 Scala API 所使用的相同数据：

（1）打开 Spark-Examples 项目并创建一个名为 chapter.eight.JavaFirstSparkSQLJob 的新包和 Java 对象。

（2）编辑 JavaFirstSparkSQLJob，并在包声明下面添加以下代码片段：

```java
import org.apache.spark.*;
import org.apache.spark.sql.*;
import org.apache.spark.api.java.*;

public class JavaFirstSparkSQLJob {
public JavaFirstSparkSQLJob() {
    System.out.println("Creating Spark Configuration");
    // Create an Object of Spark Configuration
    SparkConf javaConf = new SparkConf();
    // Set the logical and user defined Name of this Application
```

```java
javaConf.setAppName("First Spark SQL Job in Java");
System.out.println("Creating Spark Context");
// Create a Spark Context and provide previously created
// Object of SparkConf as an reference.
JavaSparkContext javaCtx = new JavaSparkContext(javaConf);

// Defining path of the JSON file which contains the data in JSON Format
String jsonFile = "file:///home/ec2-user/softwares/crime-data/
company.json";

// Creating SQL Context
SQLContext sqlContext = new SQLContext(javaCtx);
// Utility method exposed by SQLContext for reading JSON file
// and create dataFrame
// Once DataFrame is created all the data names like "Name" in the JSON
// file will be interpreted as Column Names and their data Types
// will be interpreted automatically based on their values
DataFrame dataFrame = sqlContext.read().json(jsonFile);
// Defining a function which will execute operations
// exposed by DataFrame API's
executeDataFrameOperations(sqlContext, dataFrame);
// Defining a function which will execute SQL Queries using
// DataFrame API's
executeSQLQueries(sqlContext, dataFrame);

//Closing Context for clean exit
javaCtx.close();

}

/**
 * This function executes various operations exposed by DataFrame API
 */
public void executeDataFrameOperations(SQLContext sqlCtx,
    DataFrame dataFrame) {
// Invoking various basic operations available with DataFrame
```

```java
    System.out.println("Printing the Schema...");
    dataFrame.printSchema();
    // Printing Total Rows Loaded into DataFrames
    System.out.println("Total Rows - " + dataFrame.count());
    // Printing first Row of the DataFrame
    System.out.println("Printing All Rows in the Data Frame");
    dataFrame.show();
    // Sorting the records and then Printing all Rows again
    // Sorting is based on the DataType of the Column.
    // In our Case it is String, so it be natural order sorting
    System.out.println("Here is the Sorted Rows by 'No_Of_ Supervisors' - Descending");
    DataFrame sortedDF = dataFrame.sort(dataFrame.col("No_Of_ Supervisors").desc());
    sortedDF.show();

}

/**
 * This function registers the DataFrame as SQL Table and execute SQL
 * Queries
 */
public void executeSQLQueries(SQLContext sqlCtx, DataFrame dataFrame) {

    // The first step is to register the DataFrame as temporary table
    // And give it a name. In our Case "Company"
    dataFrame.registerTempTable("Company");
    System.out.println("Executing SQL Queries...");
    // Now Execute the SQL Queries and print the results
    // Calculating the total Count of Rows
    DataFrame dfCount = sqlCtx
            .sql("select count(1) from Company");
    System.out.println("Calculating total Rows in the Company Table...");
    dfCount.show();
    // Printing the complete data in the Company table
    DataFrame df = sqlCtx.sql("select * from Company");
```

```
        System.out.println("Dumping the complete Data of Company Table...");
        df.show();
        // Printing the complete data in the Company table sorted by Supervisors
        DataFrame dfSorted = sqlCtx
            .sql("select * from Company order by No_Of_Supervisors desc");
        System.out
            .println("Dumping the complete Data of Company Table, sorted by
        Supervisors - Descending...");
        dfSorted.show();

}
public static void main(String[] args) {new JavaFirstSparkSQLJob();}}
```

前面的代码执行与 Scala 作业类似的功能，不过它利用了 Java API 来实现。

（3）执行 JavaFirstSparkSQLJob 并在驱动程序控制台上查看结果。假设 Spark 集群已启动并运行，只需要使用相同的 spark-submit 应用工具来提交作业。这与在第 6 章 "熟悉 Spark" 中 "用 Scala 编写 Spark 作业" 一节所做的一样。spark-submit 命令看起来像这样：

```
$SPARK_HOME/bin/spark-submit --class chapter.eight.
JavaFirstSparkSQLJob --master spark://ip-10-166- 191-242:7077
spark-examples.jar
```

一旦执行前述命令，作业即开始执行，并将产生类似于 Scala 作业执行时所示的结果。

至此，终于完成使用 Scala 和 Java API 编写和执行第一个 Spark SQL 作业的学习。在接下来的章节中将讨论 Spark SQL 及其各种功能的细节。

 为了避免赘言，后面的部分将只讨论使用 Scala API 的实现。

8.3 将 RDD 转换为 DataFrame

在本节中，将讨论 Spark SQL 所公开的将现有 RDD 转换为 DataFrame 的策略。

在当今企业世界中，数据分析需要综合使用多种工具或技术。在某些情况下，既希望 Spark 批处理先加载和处理数据以获得一些见解，也希望 Spark SQL 处理相同数据以获得另外的见解。在这些情况下，数据将只加载一次，再由 Spark 批处理或 Spark SQL 各自处理，然后会由其他 Spark 扩展进一步处理。需要考虑两次加载数据导致的内存和时间浪费。

为了解决这个问题，Spark SQL（DataFrame）提供了与 Spark 批处理（RDD）的互操作性。简而言之，Spark SQL 提供了可以将 RDD 转换为 DataFrame 的 API，并且可以用于数据分析。

Spark SQL 提供了两种不同过程，用于将现有 RDD 转换为 DataFrame。

- ❑ 自动化过程：使用反射机制，推断类型和对象，并生成紧凑的代码。只有知道编写 Spark 应用程序的模式类型时它才有效。
- ❑ 手动过程：手动定义和映射模式，然后才在 Spark 中加载数据。

下面继续前进，来了解每个过程。

8.3.1 自动化过程

Spark SQL 提供的 Scala API 可支持将 RDD 转换为 DataFrame 的自动化过程。这里的目标是定义 Scala 案例类，然后将案例类的列映射到 RDD 的列。继续前进，为了更好地理解，仍使用之前的犯罪数据集，其中数据为 CSV 文件的形式（以逗号分隔）。将这个数据作为 RDD 加载，然后将其转换为 DataFrame，最后执行一些分析。

执行以下步骤，使用自动化过程将 RDD 转换为 DataFrame：

（1）打开并编辑 Spark-Examples 项目，并在 chapter.eight 程序包中添加一个新的 Scala 对象 ScalaRDDToDFDynamicSchema。

（2）编辑 ScalaRDDToDFDynamicSchema.scala 并添加以下代码段：

```scala
package chapter.eight
import org.apache.spark.sql._
import org.apache.spark._
object ScalaRDDToDFDynamicSchema {

  def main(args: Array[String]) {
    //Defining/ Creating SparkConf Object
    val conf = new SparkConf()
    //Setting Application/ Job Name
    conf.setAppName("Spark SQL - RDD To DataFrame - Dynamic Schema")
    // Define Spark Context which we will use to initialize our SQL Context
    val sparkCtx = new SparkContext(conf)
    //Creating SQL Context
    val sqlCtx = new SQLContext(sparkCtx)
```

```scala
//Define path of our Crime Data File which needs to be processed
val crimeData = "file:///home/ec2-user/softwares/crime-data/
Crimes_-Aug-2015.csv";

//this is used to implicitly convert an RDD to a DataFrame.
import sqlCtx.implicits._
//Load the data from Text File
val rawCrimeRDD = sparkCtx.textFile(crimeData)
//As data is in CSV format so first step is to Split it
val splitCrimeRDD = rawCrimeRDD.map(_.split(","))
//Next Map the Split RDD to the Crime Object
val crimeRDD = splitCrimeRDD.map(c => Crime(c(0),
c(1),c(2),c(3),c(4),c(5),c(6)))
//Invoking Implicit function to create DataFrame from RDD
val crimeDF = crimeRDD.toDF()

//Invoking various DataFrame Functions
println("Printing the Schema...")
crimeDF.printSchema()
//Printing Total Rows Loaded into DataFrames
println("Total Rows - "+crimeDF.count())
//Printing first 5 Rows of the DataFrame
println("Here is the First 5 Row")
crimeDF.show(5)
//Sorting the records and then Printing First 5 Rows
//Sorting is based on the DataType of the Column.
//In our Case it is String, so it be natural order sorting.
//Last parameter of sort() shows the complete data on Console
//(It does not Truncate anything while printing the results)
println("Here is the First 5 Sorted Rows by 'Primary Type'")
crimeDF.sort("primaryType").show(5,false)
}
// Define the schema using a case class.
// Note: Case classes in Scala 2.10 can support only up to 22 fields.
    To work around this limit,
// you can use custom classes that implement the Product interface.
```

```
    //ID,Case Number,Date,Block,IUCR,Primary Type,Description
    case class Crime(id: String, caseNumber:String, date:String,
    block:String, IUCR:String, primaryType:String, desc:String)
}
```

（3）一旦 Scala 类被定义，下一步就是使用第 6 章“熟悉 Spark”中“用 Scala 编写 Spark 作业”定义的步骤，并使用如下的 spark-submit 命令在 Spark 集群上执行作业：

```
$SPARK_HOME/bin/spark-submit --class chapter.eight.
ScalaRDDToDFDynamicSchema --master spark://ip-10-166-191-242:7077
spark-examples.jar
```

一旦提交了创建工作，它会被接受且 Spark 执行者将开始处理并产生结果，结果类似于图 8.4 所示。

```
sumit@localhost $ $SPARK_HOME/bin/spark-submit --class chapter.eightScalaRDDToDFDynamicSchema --master spark://ip-10-144-123-219:7077 spark-examples.jar
15/11/19 10:18:11 WARN NativeCodeLoader: Unable to load native-hadoop library for your platform... using builtin-java classes where applicable
15/11/19 10:18:13 WARN MetricsSystem: Using default name DAGScheduler for source because spark.app.id is not set.
Printing the Schema...
root
 |-- id: string (nullable = true)
 |-- caseNumber: string (nullable = true)
 |-- date: string (nullable = true)
 |-- block: string (nullable = true)
 |-- IUCR: string (nullable = true)
 |-- primaryType: string (nullable = true)
 |-- desc: string (nullable = true)

Total Rows - 23227
Here is the First 5 Row
+--------+----------+--------------------+--------------------+----+---------------+--------------------+
|      id| caseNumber|                date|               block|IUCR|    primaryType|                desc|
+--------+----------+--------------------+--------------------+----+---------------+--------------------+
|      ID|Case Number|                Date|               Block|IUCR|   Primary Type|         Description|
|10217189|   HY404004|08/31/2015 12:00:...|  051XX W ADDISON ST|1320|CRIMINAL DAMAGE|          TO VEHICLE|
|10217252|   HY403984|08/31/2015 12:00:...|083XX S MARYLAND AVE|041A|        BATTERY|AGGRAVATED: HANDGUN|
|10217276|   HY403985|08/31/2015 12:00:...|093XX S LAFAYETTE...|031A|        ROBBERY|     ARMED: HANDGUN|
|10218505|   HY404795|08/31/2015 12:00:...|078XX S CONSTANCE...|1310|CRIMINAL DAMAGE|         TO PROPERTY|
+--------+----------+--------------------+--------------------+----+---------------+--------------------+
only showing top 5 rows

Here is the First 5 Sorted Rows by 'Primary Type'
+--------+----------+----------------------+------------------------+----+-----------+----------+
|id      |caseNumber|date                  |block                   |IUCR|primaryType|desc      |
+--------+----------+----------------------+------------------------+----+-----------+----------+
|10198336|HY385970  |08/15/2015 06:00:00 PM|033XX W 13TH ST         |1020|ARSON      |BY FIRE   |
|10194317|HY381569  |08/14/2015 12:01:00 AM|077XX S CORNELL AVE     |1025|ARSON      |AGGRAVATED|
|10195765|HY382947  |08/15/2015 12:20:00 AM|018XX S KOMENSKY AVE    |1020|ARSON      |BY FIRE   |
|10194917|HY381879  |08/14/2015 09:20:00 AM|002XX S COLUMBUS DR     |1020|ARSON      |BY FIRE   |
|10194330|HY381645  |08/14/2015 02:40:00 AM|005XX N CENTRAL PARK AVE|1020|ARSON      |BY FIRE   |
+--------+----------+----------------------+------------------------+----+-----------+----------+
only showing top 5 rows
```

图 8.4

图 8.4 的截图显示了 Spark SQL 作业的结果，该作业将数据加载到 RDD 中，将 RDD 转换为 Spark SQL DataFrame，最终执行数据分析。

8.3.2 手动过程

在有些场合中无法定义案例类，还需要在本身运行时推断数据的结构，这种情况下就得由手动过程来发挥作用了。例如考虑以下的场景：

- 数据和结构被编码，因此除非对其进行解码，否则无法推断列/记录的结构和数据类型。

❑ PII 或 SPI 数据（https://en.wikipedia.org/wiki/Personally_identifiable_information）主要内容被掩码隐藏，并且基于用户的特权确定是否显示真实值，因此仅在知道请求数据用户的身份之后，结构和模式才能得以应用。

定义模式并将其转换为 DataFrame 的手动过程将涉及以下步骤：

（1）创建 Row 对象的 RDD（http://spark.apache.org/docs/latest/api/scala/index.html#org.apache.spark.sql.Row）。

（2）使用 StructType（http://spark.apache.org/docs/latest/api/scala/index.html#org.apache.spark.sql.types.StructType）定义模式。

（3）最后，将 StructType 应用于行对象的 RDD。

执行上述步骤，并使用手动过程将犯罪数据转换为 DataFrame。通过手动过程将 RDD 转换为 DataFrame 需执行以下步骤：

（1）打开和编辑 Spark-Examples 项目，并添加一个名为 ScalaRDDToDFManualSchema.scala 的新 Scala 对象。

（2）编辑 ScalaRDDToDFManualSchema.scala 并添加以下代码：

```scala
package chapter.eight

import org.apache.spark.sql._
import org.apache.spark.sql.types._
import org.apache.spark._

object ScalaRDDToDFManualSchema {

  def main(args: Array[String]) {
    //Defining/ Creating SparkConf Object
    val conf = new SparkConf()
    //Setting Application/ Job Name
    conf.setAppName("Spark SQL - RDD To DataFrame - Dynamic Schema")
    // Define Spark Context which we will use to initialize our SQL Context
    val sparkCtx = new SparkContext(conf)
    //Creating SQL Context
    val sqlCtx = new SQLContext(sparkCtx)

    //Define path of our Crime Data File which needs to be processed
    val crimeDataFile = "file:///home/ec2-user/softwares/crime-data/
```

```
      Crimes_-Aug-2015.csv";
// Create an RDD
val crimeData = sparkCtx.textFile(crimeDataFile)

//Assuming the Schema needs to be created from the String of Columns
val schema = "ID,CaseNumber,Date,Block,IUCR,PrimaryType,Description"

val colArray = schema.split(",")

val structure = StructType(List(
        StructField(colArray(0), StringType, true),
        StructField(colArray(1), StringType, true),
        StructField(colArray(2), StringType, true),
        StructField(colArray(3), StringType, true),
        StructField(colArray(4), StringType, true),
        StructField(colArray(5), StringType, true),
        StructField(colArray(6), StringType, true)
            ))


//Convert records of the RDD (Crime Records) to Rows.
val crimeRowRDD = crimeData.map(_.split(",")).map(p => Row(p(0), p(1), p(2), p(3), p(4), p(5), p(6)))

//Apply the schema to the RDD.
val crimeDF = sqlCtx.createDataFrame(crimeRowRDD, structure)

//Invoking various DataFrame Functions
println("Printing the Schema...")
crimeDF.printSchema()
//Printing Total Rows Loaded into DataFrames
println("Total Rows - "+crimeDF.count())
//Printing first 5 Rows of the DataFrame
println("Here is the First 5 Row")
crimeDF.show(5)
//Sorting the records and then Printing First 5 Rows
```

```
        //Sorting is based on the DataType of the Column.
        //In our Case it is String, so it be natural order sorting
        println("Here is the First 5 Sorted Rows by 'PrimaryType'")
        crimeDF.sort("PrimaryType").show(5,false)

    }
}
```

现在大功告成了！最后一步执行和 8.3.1 节相同的步骤，使用 spark-submit 命令执行前面的代码，并分析结果，这将与执行 ScalaRDDToDFDynamicSchema 后看到的结果类似。

 需要使用 Spark SQL 扩展（https://github.com/databricks/spark-csv），以便由 SQLContext 直接加载 CSV 格式。

让我们继续下一节，将讨论 Spark SQL 支持的各种其他数据源和功能。

8.4 使用 Parquet

在本节中，将讨论和提及 Spark SQL 提供的各种操作，并使用适当的示例处理 Parquet 数据格式。

Parquet 是用于存储结构化数据的常见柱状数据存储格式之一。Parquet 应用了 Dremel 论文（http://research.google.com/pubs/pub36632.html）中所描述的记录分解和组装算法 record shredding and assembly algorithm（http://tinyurl.com/p8kaawg）。Parquet 支持有效的压缩和编码模式，这比结构化表里的简单存放更好一些。有关 Parquet 数据格式的更多信息，请参阅 https://parquet.apache.org/。

Spark SQL 的 DataFrame API 提供了以 Parquet 格式写入和读取数据的便利操作。可以将 Parquet 表持久化存储为 Spark SQL 中的临时表，并执行 DataFrame API 提供的其他操作以进行数据处理或分析。

下面来看看用于写入/读取 Parquet 数据格式的示例，然后还将看到 DataFrame API 提供的一些高级功能，特别是用于 Parquet 格式。

执行以下步骤，以 Parquet 格式来读取/写入芝加哥犯罪数据：

（1）打开 Spark-Examples 项目并创建一个名为 chapter.eight.ScalaRDDToParquet.scala 的新包和 Scala 对象。

(2) 编辑 ScalaRDDToParquet.scala 并在包声明下面添加以下代码片段：

```scala
import org.apache.spark.sql._
import org.apache.spark._
import org.apache.spark.sql.hive._

/**
 * Reading and Writing Parquet Formats using SQLContext and HiveContext
 */
object ScalaRDDToParquet {

  /**
   * Main Method
   */
  def main(args:Array[String]){

    //Defining/ Creating SparkConf Object
    val conf = new SparkConf()
    //Setting Application/ Job Name
    conf.setAppName("Spark SQL - RDD To Parquet")
    // Define Spark Context which we will use to initialize our SQL Context
    val sparkCtx = new SparkContext(conf)
    //Works with Parquet using SQLContext
    parquetWithSQLCtx(sparkCtx)

  }
  case class Crime(id: String, caseNumber:String, date:String,
  block:String, IUCR:String, primaryType:String, desc:String)
}
```

上面的代码片段定义了创建 SparkContext 的主方法，并调用一个名为 parquetWithSQLCtx (sparkCtx) 的方法。这个新方法将包含使用 SQLContext 写入和读取 Parquet 格式的逻辑。还定义了一个名为 Crime 的案例类，用于将 RDD 动态转换为 DataFrame。有关 RDD 到 DataFrame 的动态转换，请参阅本书 8.3 节 "将 RDD 转换为 DataFrame" 的部分。

(3) 继续编辑 ScalaRDDToParquet。在 Scala 对象的关闭大括号之前，添加一个名为 def parquetWithSQLCtx(sparkCtx :SparkContext) 的新函数，并在此新函数中添加以下代码：

```
def parquetWithSQLCtx(sparkCtx:SparkContext){
  //Creating SQL Context
  val sqlCtx = new SQLContext(sparkCtx)

  //Define path of our Crime Data File which needs to be processed
  val crimeData = "file:///home/ec2-user/softwares/crime-data/
  Crimes_-Aug-2015.csv";
  //this is used to implicitly convert an RDD to a DataFrame.
  import sqlCtx.implicits._
  //Load the data from Text File
  val rawCrimeRDD = sparkCtx.textFile(crimeData)
  //As data is in CSV format so first step is to Split it
  val splitCrimeRDD = rawCrimeRDD.map(_.split(","))
  //Next Map the Split RDD to the Crime Object
  val crimeRDD = splitCrimeRDD.map(c => Crime(c(0),
  c(1),c(2),c(3),c(4),c(5),c(6)))
  //Invoking Implicit function to create DataFrame from RDD
  val crimeDF = crimeRDD.toDF()

  //Persisting Chicago Crime Data in the Spark SQL Memory by name of
    "ChicagoCrime.parquet"
  //In this below operation we are also using "mode" provides the
    instruction
  //to Overwrite the data in case it already exist by that name
  crimeDF.write.mode("overwrite").parquet("ChicagoCrime. parquet")
  //Now Read and print the count of Rows and Structure of Parquet tables
  val parquetDataFrame = sqlCtx.read.parquet("ChicagoCrime. parquet")
  println("Count of Rows in Parquet Table = "+parquetDataFrame. count())
  parquetDataFrame.printSchema()
}
```

前一段代码首先加载犯罪数据,将其转换为 DataFrame,然后使用 DataFrame API 提供的实用工具函数来写入和读取 Parquet 格式。

其他内容暂放一边,需要先关注一下发挥魔法般关键作用的以下两行代码:

```
crimeDF.write.mode("overwrite").parquet("ChicagoCrime.parquet")
val parquetDataFrame = sqlCtx.read.parquet("ChicagoCrime.parquet")
```

第一行将 DataFrame 以 Parquet 格式写入 Spark SQL 执行内存中，后者读取同样的数据。在第一个语句中使用了实用操作 mode，它告诉 Spark 框架如何处理已经存在的数据。其中提供以下选项。

- error：这是默认模式。在这种模式下，如果数据已经存在，Spark 会抛出异常并退出。
- overwrite：用新数据替换现有数据/表。
- append：将新数据追加到表/路径中已有的数据。
- ignore：如果数据已经存在，则不要做任何事情。既不保存新数据，也不修改现有数据。这是一个幂等操作，即如果数据已经存在于指定的路径/表中就不会产生任何结果。

前两个魔法般代码也可以写成如下形式：

```
crimeDF.write.format("parquet").mode("overwrite")
.save("ChicagoCrime.parquet")
val parquetDataFrame = sqlCtx.read.format("parquet").load("ChicagoCrime
.parquet")
```

 Spark SQL 还支持 ORC 格式（http://tinyurl.com/oe3jh45）。ORC 格式可以用与 Parquet 类似的方式来使用。总之，只要将 Parquet 更改为 orc 就可以了。

（4）使用 spark-submit 执行工作，这将产生类似图 8.5 所示的截图。

```
sumit@localhost $ $SPARK_HOME/bin/spark-submit --class chaptereight.ScalaRDDToParquet --master spark://ip-10-81-210-35:7077 spark-examples.jar
15/11/22 01:06:39 WARN NativeCodeLoader: Unable to load native-hadoop library for your platform... using builtin-java classes where applicable
15/11/22 01:06:41 WARN MetricsSystem: Using default name DAGScheduler for source because spark.app.id is not set.
SLF4J: Failed to load class "org.slf4j.impl.StaticLoggerBinder".
SLF4J: Defaulting to no-operation (NOP) logger implementation
SLF4J: See http://www.slf4j.org/codes.html#StaticLoggerBinder for further details.
Count of Rows in Parquet Table = 23227
root
 |-- id: string (nullable = true)
 |-- caseNumber: string (nullable = true)
 |-- date: string (nullable = true)
 |-- block: string (nullable = true)
 |-- IUCR: string (nullable = true)
 |-- primaryType: string (nullable = true)
 |-- desc: string (nullable = true)
```

图 8.5

图 8.5 的屏幕截图显示了 Spark SQL 作业在驱动程序控制台上的输出。

8.4.1 在 HDFS 中持久化 Parquet 数据

在现代企业里，架构师和开发人员正在努力开发集中式系统，以其作为所有部门或请求数据的用例的单一事实情况来源。现在 Parquet 已成为一种行之有效的格式，企业专注于开发一种可以将数据存储为 Parquet 格式的系统，以供组织内的其他用户/部门使用。

Spark 没有自己的存储规范，但它与 HDFS 的集成可以帮助企业达成目标。

通过从 HDFS 这样的持久存储区域直接写入和读取 Parquet 数据格式，Spark SQL 使得事情更为容易。为有助于在 HDFS 中以 Parquet 格式自动存储数据，DataFrame API 公开了相应的实用工具函数/操作。继续前进，在 HDFS 中写入/读取芝加哥犯罪数据。

执行以下步骤来开发用于从 HDFS 写入/读取 Parquet 数据的 Spark 作业：

（1）浏览 http://<HOST-NAME>:50070 并确保 Hadoop 和 HDFS 已启动并正在运行。如果 URL 未显示在 NameNode 主页中，请按照第 7 章 "使用 RDD 编程"里"编程 Spark 转换及操作"一节中所述的步骤来配置 Hadoop 和 HDFS。

（2）一旦 Hadoop 和 HDFS 启动并运行，编辑 Spark-Examples 项目，在现有 Scala 对象 ScalaRDDToParquet 中添加一个名为 def parquetWithHiveCtx(sparkCtx :SparkContext) 的操作，并自 main 方法中调用它。

（3）接下来，在 parquetWithHiveCtx(sparkCtx:SparkContext)中编写代码以加载犯罪数据，并将其从 RDD 转换为 DataFrame。可以使用在前面例子中所写的相同代码，不过有一个小的改变。这里不用创建 SQLContext，取而代之的是将创建一个 org.apache.spark.sql.hive.HiveContext.HiveContext 实例。HiveContext 提供了 SQLContext 的所有功能，同时还提供了将 HDFS 中的 DataFrame 持久化的功能，对开发人员来说，这个功能是完全隐藏和抽象的。开发人员只需要将上下文的类型更改为 HiveContext，数据就会保留在 HDFS 中。

（4）接下来，在将 RDD 转换为 DataFrame 之后添加以下代码段：

```
//Persisting Chicago Crime Data in the HDFS by name of "ChicagoCrimeParquet"
  as a Table
//We are also using "mode" which provides the instruction
//to "Overwrite" the data in case it already exist by that name
 crimeDF.write.mode("overwrite").format("parquet").saveAsTable
 ("ChicagoCrimeParquet")
//Persisting Chicago Crime Data in the HDFS by name of "ChicagoCrime.parquet"
  in a
//path/ directory that already exists on HDFS.
crimeDF.write.mode("overwrite").format("parquet").save("/
 spark/sql/hiveTables/parquet/")

//Read and print the Parquet tables from the HDFS
val parquetDFTable = hiveCtx.read.format("parquet").
```

```
table ("ChicagoCrimeParquet")
println("Count of Rows in Parquet Table = "+parquetDFTable.count())
println("Printing Schema of Parquet Table")
parquetDFTable.printSchema()

//Read the Parquet data from the Specified path on HDFS
val parquetDFPath = hiveCtx.read.format("parquet").load("/spark/sql/hiveTables/parquet/")
println("Count of Rows in Parquet Table, Loaded from HDFS Path = "+parquetDFPath.count())
println("Printing Schema of Parquet Table, Loaded from HDFS Path")
parquetDFPath.printSchema()
```

前面的代码以表格的形式将芝加哥犯罪数据保存到 HDFS 中，同时它还将相同的数据保存到 HDFS 目录（/spark/sql/hiveTables/parquet/）中。

（5）接下来需要在 HDFS 中创建同作业中所指定的一致的目录结构。在 Linux 控制台上执行以下命令：

```
$HADOOP_HOME/bin/hdfs dfs -mkdir /spark
$HADOOP_HOME/bin/hdfs dfs -mkdir /spark/sql
$HADOOP_HOME/bin/hdfs dfs -mkdir /spark/sql/hiveTables
$HADOOP_HOME/bin/hdfs dfs -mkdir /spark/sql/hiveTables/parquet
```

（6）最后，使用 spark-submit 命令执行作业。如果驱动程序控制台上没有错误，那么数据将保留在 HDFS 中，并且可以从 Hadoop UI 本身进行浏览。

图 8.6 显示了在 HDFS 中以 Spark 作业创建的 Parquet 表。

Browse Directory

/user/hive/warehouse

Permission	Owner	Group	Size	Replication	Block Size	Name
drwxr-xr-x	ec2-user	supergroup	0 B	0	0 B	chicagocrimeparquet

图 8.6

图 8.7 显示了在 HDFS 中以 Spark 作业在其中指定位置创建的 Parquet 数据文件。

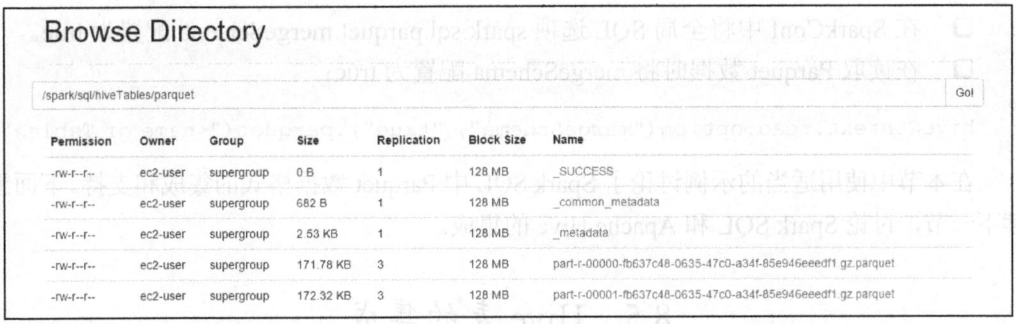

图 8.7

8.4.2 数据分区和模式演化/合并

Spark SQL 还支持数据分区和模式合并，这对用户/开发人员来说是透明的，就是说不需要额外的开发工作或代码就能使用这两个特性。下面简单地谈谈这两个概念以及如何使用 Spark SQL 来处理它们。

1. 数据分区

分区是数据库中一种常见的优化技术（https://en.wikipedia.org/wiki/Partition_(database)）。在 Hive 中，分区后表里数据存储在 HDFS 的不同目录内，为加载表里的所有分区，只需要提供 HDFS 内的基本位置，这里已经存储了 Parquet 表。Spark SQL 将自动发现与该表相关联的分区，并将其加载到 Spark 内存中。启用分区自动发现的参数是 spark.sql.sources.partitionColumnTypeInference.enabled。默认情况下它是启用的，因此用户/开发人员可以无缝工作，不需要对代码进行任何更改。

2. 模式演化/合并

企业中的数据从来都不是静态的，而是不断在演化着，表现在基于从外部世界所接收数据形成新的参数、列或结构。数据结构的变化是不可避免的，但是很难保证创建新的模式，并在每次结构有变化时就能将相同数据加载到新模式上去。ProtocolBuffer（https://developers.google.com/ protocol-buffers/?hl=en）、Avro（https://avro.apache.org/）、Thrift（https://thrift.apache.org/）和 Parquet 是一些支持模式演化和合并的数据格式。Spark SQL 扩展了相同的概念，并提供了与 Parquet 数据格式合并的模式实现。也就是说，从用户/开发人员那里抽象出了完整实现，它可以通过最少的必需代码工作来启用。模式演化/合并是一种代价高昂的操作，当使用这个功能时需要格外小心，因此默认情况下它处于关闭状态。

开发人员需要执行以下任一操作以启用模式演化/合并：

- 在 SparkConf 中将全局 SQL 选项 spark.sql.parquet.mergeSchema 配置为 true。
- 在读取 Parquet 数据时将 mergeSchema 配置为 true：

```
hiveContext.read.option("mergeSchema", "true").parquet("<name of Table>")
```

在本节中使用适当的示例讨论了 Spark SQL 中 Parquet 数据格式的集成和支持。下面继续下一节，讨论 Spark SQL 和 Apache Hive 的集成。

8.5 Hive 表的集成

在本节中，将讨论 Spark SQL 与 Hive 表的集成，将看到在 Spark SQL 中执行 Hive 查询的过程，这有助于在 HDFS 中创建和分析 Hive 表。

Spark SQL 提供了应用 Spark SQL 代码库直接执行 Hive 查询的灵活性。最好的一面是在 Spark 集群上执行 Hive 查询，只需要设置 HDFS 来读取和存储 Hive 表。换句话说，不需要配置一个包含像 ResourceManager 或 NodeManager 这样服务的完整 Hadoop 集群，只需要 HDFS 服务，这些服务在启动 NameNode 和 DataNode 时就可以使用。

执行以下步骤为芝加哥犯罪数据创建 Hive 表，同时还执行一些分析性的 Hive 查询：

（1）打开和编辑 Spark-Examples 项目，并添加一个 Scala 对象 chapter.eight.ScalaSparkSQLToHive.scala。

（2）编辑 chapter.eight.ScalaSparkSQLToHive.scala 并添加以下代码：

```scala
import org.apache.spark.sql._
import org.apache.spark._
import org.apache.spark.sql.hive.HiveContext

object ScalaSparkSQLToHive {

  def main(args:Array[String]){

    //Defining/ Creating SparkConf Object
    val conf = new SparkConf()
    //Setting Application/ Job Name
    conf.setAppName("Spark SQL - RDD To Hive")
    // Define Spark Context which we will use to initialize our SQL Context
    val sparkCtx = new SparkContext(conf)
    //Creating Hive Context
```

```
    val hiveCtx = new HiveContext(sparkCtx)
    //Creating a Hive Tables
    println("Creating a new Hive Table - ChicagoCrimeRecordsAug15")
    hiveCtx.sql("CREATE TABLE IF NOT EXISTS
ChicagoCrimeRecordsAug15(ID STRING,CaseNumber STRING,
CrimeDate STRING,Block STRING,IUCR STRING,PrimaryType STRING,
Description STRING,LocationDescription STRING,Arrest STRING,
Domestic STRING,Beat STRING,District STRING,Ward STRING,
CommunityArea STRING,FBICode STRING,XCoordinate STRING,
YCoordinate STRING,Year STRING,UpdatedOn STRING,
Latitude STRING,Longitude STRING) ROW
FORMAT DELIMITED FIELDS TERMINATED BY ',' stored as textfile")
    println("Creating a new Hive Table - iucrCodes")
    hiveCtx.sql("CREATE TABLE IF NOT EXISTS iucrCodes(
IUCR STRING,PRIMARY_DESC STRING ,SECONDARY_DESC STRING,INDEXCODE STRING)
ROW FORMAT DELIMITED FIELDS TERMINATED BY ',' stored as textfile")
    //Load the Data in Hive Table
    println("Loading Data in Hive Table - ChicagoCrimeRecordsAug15")
    hiveCtx.sql("LOAD DATA LOCAL INPATH '/home/ec2-user/softwares
/crime-data/Crimes_-Aug-2015.csv' OVERWRITE INTO TABLE
ChicagoCrimeRecordsAug15")
    println("Loading Data in Hive Table - iucrCodes")
    hiveCtx.sql("LOAD DATA LOCAL INPATH '/home/ec2-user/softwares/
crime-data/IUCRCodes.csv' OVERWRITE INTO TABLE iucrCodes")
    //Quick Check on the number of records loaded in the Hive Table
    println("Quick Check on the Number of records Loaded in
ChicagoCrimeRecordsAug15")
    hiveCtx.sql("select count(1) from ChicagoCrimeRecordsAug15").show()
    println("Quick Check on the Number of records Loaded in iucrCodes")
    hiveCtx.sql("select count(1) from iucrCodes").show()

    println("Now Performing Analysis")
    println("Top 5 Crimes in August Based on IUCR Codes")
    hiveCtx.sql("select B.PRIMARY_DESC, count(A.IUCR) as countIUCR from
ChicagoCrimeRecordsAug15 A,iucrCodes B where A.IUCR=B.IUCR group by
B.PRIMARY_DESC order by countIUCR desc").show(5)

    println("Count of Crimes which are of Type 'Domestic' and someone is
'Arrested' by the Police")
```

```
    hiveCtx.sql("select B.PRIMARY_DESC, count(A.IUCR) as countIUCR from
ChicagoCrimeRecordsAug15 A,iucrCodes B where A.IUCR=B.IUCR and
A.domestic='true' and A.arrest='true' group by B.PRIMARY_DESC order by
countIUCR desc").show()

    println("Find Top 5 Community Areas where Highest number of Crimes have
been Committed in Aug-2015")
    hiveCtx.sql("select CommunityArea, count(CommunityArea) as cnt from
ChicagoCrimeRecordsAug15 group by CommunityArea order by cnt
desc").show(5)
  }
}
```

前一段代码首先创建 HiveContext，然后利用 HiveQL（https://cwiki.apache.org/confluence/display/Hive/LanguageManual）来创建 Hive 表，在 Hive 表中加载数据，最后执行各种分析。

至此，完成了 Spark 作业的编码，现在必须执行以下配置才能执行 Spark SQL 作业：

（1）通过浏览网址 http://<HOST_NAME>:50070/确保 Hadoop HDFS 已启动并正在运行。它应该显示 Hadoop NameNode UI。如果访问该网址不显示 NameNode 主页，请按照第 7 章"使用 RDD 编程"中"编程 Spark 转换及操作"部分所指定的步骤来配置 Hadoop 和 HDFS。

（2）下一步是在 Spark 安装中配置 Apache Hive 参数，可以通过创建 hive-site.xml 文件并将其放在$SPARK_HOME/conf 文件夹中来轻松完成。如果已经安装了 Hive，那么只需将 hive-site.xml 从 Hive 安装目录复制到$SPARK_HOME/conf 文件夹即可。如果没有该文件，那么创建一个新文件$SPARK_HOME/conf/hive-site.xml，并在其中添加以下内容：

```
<configuration>
 <property>
    <name>javax.jdo.option.ConnectionURL</name>
    <value>jdbc:derby:;databaseName=/home/ec2-user/softwares/hive-1.2.1/metastore/metastore_db;create=true</value>
    <description>JDBC connect string for a JDBC metastore</description>
 </property>

</configuration>
```

上述配置是执行 Hive 查询所需的最基本配置。该属性定义了 Hive Metastore DB 的位

第 8 章 Spark 的 SQL 查询引擎——Spark SQL

置，该位置将包含有关 Hive 表的所有元数据。需要留意这个属性，因为如果 Metastore 被删除，就无法访问任何 Hive 表。

（3）至此，完成了所有的配置，最后一步是导出 Eclipse 项目，并使用 spark-submit 执行 Spark SQL 工作：

```
$SPARK_HOME/bin/spark-submit --class chapter.eight.
ScalaSparkSQLToHive --master spark://ip-10-184-194-147:7077 spark-examples.jar
```

一旦在 Linux 控制台上执行上述命令，Spark 就会让工作开始执行，并在控制台上进一步分析出结果。结果将类似于图 8.8 所示。

```
Creating a new Hive Table - ChicagoCrimeRecordsAug15
Creating a new Hive Table - icurCodes
Loading Data in Hive Table - ChicagoCrimeRecordsAug15
Loading Data in Hive Table - iucrCodes
Quick Check on the Number of records Loaded in ChicagoCrimeRecordsAug15
+-----+
| _c0|
+-----+
|23227|
+-----+

Quick Check on the Number of records Loaded in iucrCodes
+---+
|_c0|
+---+
|402|
+---+

Now Performing Analysis
Top 5 Crimes in August Based on IUCR Codes
+------------------+---------+
|      PRIMARY_DESC|countIUCR|
+------------------+---------+
|    CRIMINAL DAMAGE|     2599|
|          NARCOTICS|     1786|
|      OTHER OFFENSE|     1552|
|  DECEPTIVE PRACTICE|      990|
|   CRIMINAL TRESPASS|      564|
+------------------+---------+
only showing top 5 rows

Count of Crimes which are of Type 'Domestic' and someone is 'Arrested' by the Police
+------------------+---------+
|      PRIMARY_DESC|countIUCR|
+------------------+---------+
|      OTHER OFFENSE|       52|
|    CRIMINAL DAMAGE|       31|
|            ASSAULT|       10|
|  OFFENSE INVOLVING...|     7|
|   CRIMINAL TRESPASS|        4|
|   WEAPONS VIOLATION|        1|
|         KIDNAPPING|        1|
|              ARSON|        1|
+------------------+---------+

Find Top 5 Community Areas where Highest number of Crimes have been Comitted in Aug-2015
+-------------+----+
|CommunityArea| cnt|
+-------------+----+
|           25|1534|
|            8| 861|
|           43| 804|
|           32| 757|
|           29| 730|
+-------------+----+
only showing top 5 rows
```

图 8.8

上面的屏幕截图显示了在驱动程序控制台上，Spark SQL 作业中执行 Hive 查询的输出。

Spark 还提供了一个可以在 Linux 控制台上执行的实用程序（$SPARK_HOME/bin/spark-sql），用其可以执行所有的 Hive 查询，并在同一控制台上查看结果，这有助于快速开发 Hive 查询，还可以通过在 Hive 查询的开头附加 explain 关键字来分析 Hive 查询的性能。

 有关 HiveQL 语法的更多信息，请参阅 https://cwiki.apache.org/confluence/display/Hive/LanguageManual。

重要的是，Spark 上的 Hive 与 Hive 上的 Spark 不同。之前讨论了使用 Spark SQL API 执行 Hive 查询的场景，Spark API 基本上称为 Hive 上的 Spark。Spark 上的 Hive 是一个单独的议题，这里讨论添加 Spark 作为 Apache Hive 的第三个执行引擎（除了 MapReduce 和 Tez 外）。有关 Hive 的更多信息，请参阅关于 Spark 的以下链接：

- https://cwiki.apache.org/confluence/display/Hive/Hive+on+Spark%3A+Getting+Started
- https://cwiki.apache.org/confluence/display/Hive/Hive+on+Spark

在本节中，讨论了 Spark SQL 与 Hive 的集成及相应的示例。下一节将讨论 Spark SQL 的性能调优和最佳实践。

8.6 性能调优和最佳实践

在本节中，将讨论用于优化 Spark 作业性能的各种策略，还会讨论关于 Spark 和 Spark SQL 的最佳实践。

性能调优不但非常主观，而且为完全开放的表述。性能调优的第一步是回答此问题："我们的工作真需要性能调优吗？"在回答这个问题之前，需要考虑以下几个方面：

- 我们的工作是否符合企业规定的 SLA（服务等级协议）？如果是，则不需要性能调优。
- 我们想要达到什么目标，它现实吗？例如，期望所有 Spark 作业（不考虑数据大小或执行的计算）以毫秒为单位完成是不现实的。

只有回答和明确了性能调优的必要性，才能继续前进，思考战略，并开始确定在哪些方面可以调整 Spark 作业。

虽然没有性能调整的标准指南，但在性能调整策略中，应该考虑到一些常见的方面。

8.6.1 分区和并行性

Spark 作业将执行器内存中的数据加载,并进一步划分为执行的不同阶段,从而形成执行流水线。数据集中的每个字节由 RDD 表示,执行流水线称为有向非循环图(DAG)。

在执行流水线的每个阶段中涉及的数据集被进一步存储在大小相等的数据块中,这些数据块只是由 RDD 表示的分区。

有关分区的更多信息,请参阅第 7 章"使用 RDD 编程"里"编程 Spark 转换及操作"部分。

最后,对于每个分区只有一个任务分配/执行。所以工作的并行性直接取决于为工作配置的分区数,这可以通过在 $SPARK_HOME/conf/spark-defaults.conf 中定义 spark.default.parallelism 来控制。需要对其适当配置以使 Spark 作业获得足够的并行性。一般规则是将并行性配置为集群中总核心数的至少两倍,但这是一个原始的最小值,为读者提供了一个参考起点,可能因不同的工作负载而有各自的差异取值。

除非由 RDD 指定,Spark 默认使用 org.apache.spark.HashPartitioner 的值,并且最大分区数的默认值将与上游最大 RDD 中的分区数相同。

可参考 http://www.bigsynapse.com/spark-input-output 获取有关分区与并行性的更多信息。

8.6.2 序列化

Spark 作业要在集群节点上移动/删除被处理的数据,因此 Spark 框架需对数据集进行序列化和反序列化。例如,通过序列化和反序列化在工作者节点之间删除数据或将 RDD 持久化存储到磁盘。任何缓慢的序列化或反序列化过程都将导致总体工作的缓慢。

默认情况下,Spark 使用与大多数文件格式兼容的 Java 序列化机制,然而它也很慢。

可以切换到 Kryo 序列化(https://github.com/EsotericSoftware/kryo),它非常紧凑并且比 Java 序列化快。尽管它不支持所有可序列化类型,但比兼容所有文件格式的 Java 序列化机制快得多。可以通过在 SparkConf 对象中配置 spark.serializer 来配置作业以使用 Kryo 序列化:

```
conf.set("spark.serializer", "org.apache.spark.serializer.KryoSerializer")
```

KryoSerializer 默认将完整的类名及其相关对象存储在 Spark 执行器的内存中,这也造成了内存的浪费。为优化这一问题，建议预先将所有需要的类注册到 KryoSerializer，如此以使所有对象映射到类 ID 而非完整的类名。这可以通过使用 SparkConf.registerKryoClasses()定义所有需要的类的显式注册方式来实现。

 可参考 https://github.com/EsotericSoftware/kryo 里的 Kryo 文档获取有关参数优化和兼容文件格式的更多信息。

8.6.3 缓存

可以通过调用 sqlContext.cacheTable("tableName")或 dataFrame.cache()来启用 Spark SQL 表的缓存。

Spark SQL 以扫描优化的分列格式来缓存所有表格。Spark SQL 自动优化和压缩缓存的表，不过可以通过调用 sqlContext.uncacheTable("tableName")从缓存中删除表来释放内存。可使用以下两个参数进一步调整内存中的缓存。

- spark.sql.inMemoryColumnarStorage.compressed：此参数用于使用 Spark 框架提供的压缩编解码器自动压缩内存中数据。默认值为 true。
- spark.sql.inMemoryColumnarStorage.batchSize：Spark SQL 中的数据批量缓存。批量越大，性能越好，但是更大的批量也可以导致实例 OOM（内存不足）发生，因此需要在修改默认值之前仔细分析它们。默认值为 10 000。

8.6.4 内存调优

Spark 是一个基于 JVM 的执行框架，因此调整 JVM 以获得正确的工作负载也能够显著提高 Spark 作业的整体响应时间。首先应该关注这几个方面：

- 垃圾收集：作为第一步，需要发现当前的 GC（垃圾收集）行为和统计信息，因此应该在$SPARK_HOME/conf/spark-defaults.conf 文件中配置以下参数：

```
spark.executor.extraJavaOptions = -XX:+PrintFlagsFinal
-XX:+PrintReferenceGC -Xloggc:$JAVA_HOME/jvm.
log -XX:+PrintGCDetails -XX:+PrintGCTimeStamps
-XX:+PrintAdaptiveSizePolicy
```

如此一来，可打印 GC 详细信息并在$JAVA_HOME/jvm.log 中获取。可以进一步分析 JVM 的行为，然后应用各种优化技术。

有关各种优化技术和调整 Spark 应用程序 GC 的更多详细信息,请参阅 https://databricks.com/blog/2015/05/28/tuning-java-garbage-collection-for-spark-applications.html。

- 对象大小:优化存储于内存中对象的大小也可以提高应用程序的整体性能。这里有一些提示,有助于改善对象消耗的内存:
  - 避免使用包装器对象或基于数据结构的指针或包含大量小对象的嵌套数据结构。
  - 在数据结构中使用对象或原始类型的数组。例如,使用 fastutil 库(http://fastutil.di.unimi.it/)提供更快和优化的集合类。
  - 避免使用字符串或自定义对象,而是使用数字作为对象的 ID。
- 执行器内存:另一个方面是配置 Spark 执行器的内存,也要确保在 Spark 作业中分配出适当内存来缓存 RDD。

执行器内存可以通过定义 SparkConf 对象本身的 spark.executor.memory 属性或 $SPARK_HOME/conf/spark-defaults.conf 来配置,或者也可以在提交工作时来定义。可以使用如下语句:

```
val conf = new SparkConf().set("spark.executor.memory", "1g")
```

或是如此:

```
$SPARK_HOME/bin/spark-submit --executor-memory 1g ...
```

Spark 框架(默认情况下)占用执行器所配置内存的 60%用于缓存 RDD,这样只保留了 40%的可用内存来执行 Spark 作业。这可能不够用,如果看到完整的 GC 或缓慢的任务或遇到内存不足的情况,那么可以通过配置 SparkConf 对象的 spark.storage.memoryFraction 参数以减少缓存大小:

```
val conf = new SparkConf().set("spark.storage.memoryFraction","0.4")
```

此语句可将为缓存 RDD 分配的内存减少到 40%。

最后,还可以考虑如 Tachyon 这样不使用任何 JVM 的堆外缓存解决方案(http://tachyon-project.org/Running-Spark-on-Tachyon.html)。

  有关性能方面的更多详细信息,请参阅 https://spark.apache.org/docs/1.5.1/tuning.html 和 https://spark.apache.org/docs/1.5.1/configuration.html 了解各种可用的配置参数。

Spark 及其扩展仍在发展中，从每个版本中都可看到为实现更好性能而进行的相当大的改变。每个版本的 Spark 可能引入新的或非推荐的各种配置参数。有关优化 Spark 1.5.0 的 Spark SQL 作业的其他配置选项，请参阅 http://spark.apache.org/docs/1.5.1/sql-programming-guide.html#other-configuration-options。

在本节中，讨论了调整 Spark 工作的各个方面。不管讨论多少内容，性能提升总是不容易的，也总有新的发现需要得到专家的意见。如果需要专家的意见，请在 Spark 社区页面（https://spark.apache.org/community.html）上发布你的询问。

8.7 本章小结

在本章中，讨论了以 Spark SQL 作为一站式解决方案，使用类似 SQL 的查询和内存中的复杂过程算法来处理大数据，并以秒/分钟而不是以小时为单位生成结果。

本章涵盖了 Spark SQL 架构和各种组件在内的多个方面，还讨论了在 Scala 中编写 Spark SQL 作业的完整过程，同时讨论了将 Spark RDD 转换为 DataFrame 的各种方法。在本章的中间部分，执行了 Spark SQL 的各种示例，包括使用如 Hive/Parquet 这些不同数据格式以及如模式演化和模式合并等重要方面，最后讨论了 Spark SQL 代码/查询的性能调优的各个方面。

在下一章中将讨论使用 Spark Streaming 捕获、处理和分析流数据。

第 9 章 用 Spark Streaming 分析流数据

当前时代的企业消耗来自各种各样数据源的数据。从这些来源传送的数据不仅采用不同格式（CSV、文本、Excel 等），同时还可能提供不同的数据消耗机制。例如，一些数据源可以在共享文件系统上提供特别定位，或者一些数据源可以提供数据流（https://en.wikipedia.org/wiki/Data_stream），或者是基于排队的系统。

尽管有工具和技术来处理数据消耗的复杂性，但真正的挑战常常在于要有一个能够满足和解决所有问题的解决方案/平台。企业们纷纷集中力量开发/部署灵活和可扩展的单一平台，以应对数据消耗/处理的所有复杂性，并以统一的格式来产生它。

Spark 与其扩展正在成为一个可以满足企业所有要求的一站式解决方案。Spark 不仅为批处理用例执行数据的消耗和处理，还为自分布式数据流提供近实时数据的消耗和处理，其处理延迟以秒或毫秒为单位。

Spark Streaming 是另一种扩展，提供近实时流数据的消耗和处理。在本章中，将讨论 Spark Streaming 及其各种功能，它们提供用于近实时消耗和处理数据的 API。此外，还将讨论它与 Spark SQL 的集成，以便近实时地执行 SQL 查询。

本章将涵盖以下主题：
- 高级架构
- 编写第一个 Spark Streaming 作业
- 实时查询流数据
- 部署和监测

9.1 高级架构

在本节中，将讨论 Spark Streaming 的高级架构，还将讨论 Spark Streaming 的重要组件，如 Discreteized Streams、microbatching 等，最后还将编写一个 Spark 流作业，以便近实时消耗和处理数据。

Spark Streaming 是 Spark 提供的强大扩展之一，用于近实时消耗和处理各种数据源生成的事件。Spark Streaming 扩展了 Spark 核心架构，并生成基于小微批处理（microbatching）的新架构，从各种数据源接收和采集实时/流数据，并进一步划分成一系列确定性的微批次（microbatch）。每个微批次的大小基本上由用户提供的批处理持续时间控制。为了更好理解，下面举例说明，一个应用程序接收每秒 20 个事件的实时/流数据，其中由用户提供的批处理持续时间是 2 秒。现在，Spark Streaming 将在数据到达时连续消耗数据，不过每 2 秒之后它将创建接收到数据的微批次（每个批次由 40 个事件组成），并将其提交给用户定义的作业以进一步处理。这里最重要的决策是定义合适长短的批处理持续时间。批处理持续时间只是业务针对特定用例所同意的可接受延迟，可以是几秒钟或几毫秒。在本书所给的例子中是 2 秒。这些微批次在 Spark Streaming 中被称为 DStreams 或 Discretized Streams，这不过是一系列弹性分布式数据集（RDDs）。

下一节，将讨论 Spark Streaming 的架构和每个组件。

9.1.1 Spark Streaming 的组件

在本节中，将深入了解 Spark Streaming 的架构和各种组件。任意 Spark Streaming 应用的高级架构类似于图 9.1 所示。

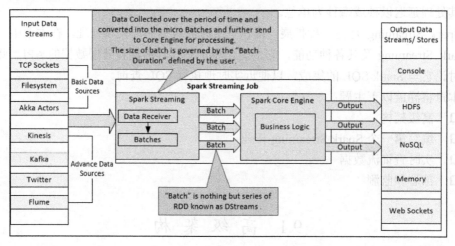

图 9.1

图 9.1 显示了使用 Spark Streaming 开发任意 Spark 作业的高级架构，定义了如输入数据流、输出数据流等各种架构组件。每个组件都有自己的生命周期，并在整体架构中发挥关键作用。下面来了解和讨论每个组件的作用。

❑ 输入数据流（Input Data Streams）：这些是输入数据源，基本上是以极高频率（秒或毫秒）发射实时/流数据的源。这些源可以是原始套接字、文件系统乃至如

Kafka 这样高度可扩展的排队产品。Spark Streaming 作业通过各种可用的连接器连接到输入数据源。这些连接器可能与 Spark 发行版一起提供，或者需要单独下载它们并在 Spark Streaming 中配置其工作。这些输入流也称为输入 DStream。基于连接器的可用性，输入数据源分为以下类别。

> 基本数据源：基本数据源的连接器及其所有依赖关系随 Spark 的标准发行版一并提供，不必下载其他包令其工作。

> 高级数据源：这些连接器所需的连接器和依赖关系没有包含在 Spark 的标准发行版中。这样做只是为了避免复杂性和版本冲突，需要单独下载和配置这些连接器的依赖关系，或者按照每个数据源的集成指南中的指示，在 Maven 脚本中提供依赖关系，这些高级数据源的集成指南网址如下：

  ✓ Kafka（http://tinyurl.com/oew96sg）
  ✓ Flume（http://tinyurl.com/o4ntmdz）
  ✓ Kinesis（http://tinyurl.com/pdhtgu3）

有关可用高级数据源的列表请参阅 http://tinyurl.com/psmtpco。

 Spark 社区还提供了其他连接器，可以从 http://spark-packages.org 直接下载。开发自定义连接器，可查看 http://tinyurl.com/okrd34e。

❑ Spark Streaming 作业（Spark Streaming Job）：Spark Streaming 作业是由用户开发的用于近实时消耗和处理数据馈送的自定义作业，包括以下组件。

> 数据接收器：这是专用于接收/消耗数据源产生数据的接收器。每个数据源都有自己的接收器，既不能通用，也不能在各数据源中共用。

> 批次：这是由接收器在该时间段内接收消息的集合。每个批次都有特定数量消息或数据，其在用户提供的特定时间间隔（批处理窗口）中收集得到。这些微批次只是一系列称为 DStreams 的 RDD。

> DStreams：这是一个新的流处理模型，其中计算被构造为小时间间隔的一系列无状态、确定性批次计算。这种新的流处理模型具有强大的恢复机制（类似于批处理系统中的恢复机制），并且胜过复制和上游备份。它扩展和利用了弹性分布式数据集的概念，并在一个单一 DStream 中创建一系列（相同类型的）RDD，以用户定义的时间间隔（批处理持续时间）处理和计算。可以从连接到各种数据源（如套接字、文件系统等）的输入数据流创建 DStream，也可以通过对其他 DStream（类似于 RDD）应用高级操作来创建。Spark Streaming 上下文中可以有多个 DStream，每个 DStream 包含一系列 RDD。每个 RDD 是在特定时间点从接收器接收数据的快照。有关 DStreams

的更多信息，请参阅 http://tinyurl.com/nnw4xvk。
- ➢ 流上下文：Spark Streaming 扩展了 Spark 上下文，并提供了一个新的上下文 StreamingContext，用于访问 Spark Streaming 的所有功能和特性。它是主要入口点，并提供了从各种输入数据源初始化 DStream 的方法。有关 StreamingContext 的更多信息，请参阅 http://tinyurl.com/p5z68gn。
- ❏ Spark 核心引擎（Spark Core Engine）：这是以 RDD 形式接收输入的核心引擎，根据每一用户定义的业务逻辑对其进行进一步处理，最后将其发送到关联的输出数据流。
- ❏ 输出数据流（Output Data Streams）：每个处理批次的最终输出发送到输出流以进行进一步处理。这些输出数据流可以是原始文件系统、Web 套接字、NoSQL 等各种类型。

在本节中讨论了 Spark Streaming 的高级架构和各种组件。下面继续前进，讨论 Spark Streaming 公开的各种 API 和操作，然后快速编写第一个 Spark Streaming 作业。

9.1.2 Spark Streaming 的封装结构

在本节中，将讨论 Spark Streaming 所公开的各种 API 和操作。

1. Spark Streaming API

所有 Spark Streaming 类都封装在 org.apache.spark.streaming.*包中。Spark Streaming 定义了两个核心类 StreamingContext.scala 和 DStream.scala，它们提供了对所有 Spark Streaming 功能的访问。下面来查看一下这些类所执行的功能和角色。

- ❏ org.apache.spark.streaming.StreamingContext：这是 Spark Streaming 功能的入口点，定义了创建 DStream.scala 对象的方法，还能启动和停止 Spark Streaming 作业。
- ❏ org.apache.spark.streaming.dstream.DStream.scala：DStream 或 Discretized Streams 提供了 Spark Streaming 的基本抽象，提供从实时数据创建的 RDD 序列或现有 DStreams 的转换。此类定义了可以对所有 DStream 执行的全局操作，还定义了可应用于特定类型 DStreams 的一些特定操作。

除了这些已定义的类，Spark Streaming 还定义了各种子包，用于公开各种类型输入接收器的功能。

- ❏ org.apache.spark.streaming.kinesis.*：提供了从 Kinesis 消耗输入数据的类（http://aws.amazon.com/kinesis/）。

❑ org.apache.spark.streaming.flume.*：提供了从 Flume 消耗输入数据的类（https://flume.apache.org/）。
❑ org.apache.spark.streaming.kafka.*：提供了从 Kafka 消耗输入数据的类（http://kafka.apache.org/）。
❑ org.apache.spark.streaming.zeromq.*：提供了从 ZeroMQ 消耗输入数据的类（http://zeromq.org/）。
❑ org.apache.spark.streaming.twitter.*：提供了从推特简讯使用 Twitter4J 消耗输入数据的类（http:// twitter4j.org）。

有关 Spark Streaming API 的更多信息，请参阅 http://tinyurl.com/qz5bvvb 了解 Scala API，参阅 http://tinyurl.com/nh9wu9d 了解 Java API。

2. Spark Streaming 操作

Spark 提供了可以在 DStream 上执行的各种操作。所有操作都可分为转换和输出操作。下面讨论这两类操作。

变换是帮助修改或改变输入流中数据结构的那些操作。它们彼此类似，并支持 RDD 提供的几乎所有转换操作，例如 map()、flatmap()、union()等。有关输入流支持的转换操作的完整列表，请参阅 DStream API（http://tinyurl.com/ znfgb8a）。

除了由 DStream 定义的和类似于 RDD 的常规变换操作之外，DStream 对流数据提供少量特殊的变换操作。下面来讨论这些操作。

❑ 窗口操作：窗口是一种特殊类型的操作，仅由 DStream 提供。窗口操作将来自一段过去时间间隔滑动窗口的所有记录分组到一个 RDD 中，提供了定义需要分析和处理的数据范围的功能。DStream API 还提供了在滑动窗口上增量聚合或处理的功能，可以计算像滑动窗口上的计数或最大值之类的聚合。有一种窗口操作由 DStream API 提供。DStream.scala 中带有 Window 前缀的所有方法都提供增量聚合，例如 countByWindow、reduceByWindow 等。
❑ 变换操作：如 transform()或 transformWith()这样的变换操作是特殊类型的操作，提供执行任意 RDD 到 RDD 操作的灵活性。它们从基本上有助于执行 DStream API 未提供/公开的任何 RDD 操作。此方法还用于融合批处理和流式处理。可以使用批处理过程创建 RDD，并与使用 Spark Streaming 创建的 RDD 进行合并。这种做法有助于跨越 Spark 批处理和流式处理的代码可重用性，例如可能有在 Spark 批处理应用程序中写好的函数，而现在想将它们用于 Spark Streaming 应用程序。

- **updateStateByKey 操作**：这是由 DStream API 公开的用于状态处理的另一特殊操作，其中每次计算状态以新信息连续更新。举一个网络服务器日志的例子，需要计算网络服务器服务中所有 GET 或 POST 请求的运行计数，这类功能就可以通过利用 updateStateByKey 操作来实现。

请参阅 http://tinyurl.com/zh2w6k6 了解有关由 Spark Streaming 执行各种转换操作的更多信息。

- **输出操作**：这些操作有助于处理通过应用各种变换产生的最终输出。它可能只是在控制台上打印，或持久存储在缓存，或如 NoSQL 数据库之类的任何外部系统。输出操作类似于 RDD 定义的操作，并触发用户在 DStream（同样类似于 RDD）上定义的所有转换。

从 Spark 1.5.1 开始，DStreams 支持以下输出操作。

  - print()：是开发人员用于调试其作业的常见操作之一，在运行流应用程序的驱动节点控制台上的 DStream 中打印每批数据的前 10 个元素。
  - saveAsTextFiles(prefix,suffix)：将 DStream 的内容保存为文本文件。每个批处理的文件名通过附加前缀和后缀生成。
  - saveAsObjectFiles(prefix,suffix)：将 DStream 的内容保存为序列化 Java 对象的序列文件。每个批处理的文件名通过附加前缀和后缀生成。
  - saveAsHadoopFiles(prefix,suffix)：这将 DStreams 的内容保存为 Hadoop 文件。每个批处理的文件名通过附加前缀和后缀生成。
  - foreachRDD(func)：这是处理输出的最重要、广泛使用并通用的函数之一。它将给定的函数 func 应用于从流生成的每个 RDD。此操作可用来编写自定义业务逻辑，以便在外部系统中保留输出，例如保存到 NoSQL 数据库或写入 Web 套接字。需要重点注意的是，此函数在运行流式应用程序的驱动节点上执行。

在本节中，讨论了 Spark Streaming 的高级架构、组件和封装结构，还讨论了 DStream API 提供的各种转换和输出操作。继续前进，用 Scala 和 Java 编写第一个 Spark Streaming 作业。

9.2 编写第一个 Spark Streaming 作业

在本节中，将讨论用 Scala 来编写并执行第一个 Spark SQL。此处也将通过创建临时流来模拟流数据。

9.2.1 创建流生成器

创建流生成器可执行以下步骤,其连续从控制台读取用户提供的输入数据,然后进一步将该数据提交到套接字:

(1)打开并编辑 Spark-Examples 项目,创建一个名为 chapter.nine.StreamProducer.java 的新 Java 包和类。

(2)编辑 StreamProducer.java 并添加以下代码段:

```java
import java.net.*;
import java.io.*;

public class StreamProducer {

  public static void main(String[] args) {

    if (args == null || args.length < 1) {
      System.out.println("Usage - java chapter.nine.StreamProducer <port#>");
      System.exit(0);
    }
    System.out.println("Defining new Socket on " + args[0]);
    try (ServerSocket soc = new ServerSocket(Integer.parseInt(args[0]))) {

    System.out.println("Waiting for Incoming Connection on "
           + args[0]);
      Socket clientSocket = soc.accept();
    System.out.println("Connection Received");
      OutputStream outputStream = clientSocket.getOutputStream();
// Keep Reading the data in an Infinite loop and send it over to the Socket.
    while (true) {
      PrintWriter out = new PrintWriter(outputStream, true);
      BufferedReader read = new BufferedReader(new InputStreamReader(
        System.in));
      System.out.println("Waiting for user to input some data");
      String data = read.readLine();
    System.out.println("Data received and now writing it to Socket");
```

```
      out.println(data);
    }
  } catch (Exception e) {
    e.printStackTrace();
  }
}
```

至此，完成了流生成器。这一过程很简单直接。首先打开服务器套接字以便客户端可以连接，然后无限等待用户的输入。一旦接收到输入，会立即将相同的输入发送到连接的客户端。客户端可以是任何消费者，不过在当前情况下，将是在下一部分中创建的 Spark Streaming 作业。

转到下一部分，将在 Scala 和 Java 中创建流工作、接受和转换流生成器生成的数据。

9.2.2 用 Scala 编写 Spark Streaming 作业

执行以下步骤，用 Scala 编写第一个 Spark Streaming 作业：

（1）在 Spark-Examples 项目中创建一个名为 chapter.nine.ScalaFirstSparkStreamingJob.scala 的新 Scala 对象。

（2）编辑 ScalaFirstSparkStreamingJob.scala 并添加以下代码段：

```
package chapter.nine

import org.apache.spark.SparkConf
import org.apache.spark.streaming.StreamingContext
import org.apache.spark.streaming._
import org.apache.spark.storage.StorageLevel._
import org.apache.spark.rdd.RDD
import org.apache.spark.streaming.dstream.DStream
import org.apache.spark.streaming.dstream.ForEachDStream


object ScalaFirstSparkStreamingJob {

  def main(args:Array[String]){
    println("Creating Spark Configuration")
```

```
//Create an Object of Spark Configuration
val conf = new SparkConf()
//Set the logical and user defined Name of this Application
conf.setAppName("Our First Spark Streaming Application in Scala")

println("Retrieving Streaming Context from Spark Conf")
//Retrieving Streaming Context from SparkConf Object.
//Second parameter is the time interval at which streaming data will
  be divided into batches
val streamCtx = new StreamingContext(conf, Seconds(2))

//Define the type of Stream. Here we are using TCP Socket as text stream,
//It will keep watching for the incoming data from a specific machine
  (localhost) and port (provided as argument)
//Once the data is retrieved it will be saved in the memory and in case
  memory
//is not sufficient, then it will store it on the Disk
//It will further read the Data and convert it into DStream
val lines = streamCtx.socketTextStream("localhost", args(0).toInt,
MEMORY_AND_DISK_SER_2)

//Apply the Split() function to all elements of DStream
//which will further generate multiple new records from each record in
  Source Stream
//And then use flatmap to consolidate all records and create a new
  DStream.
val words = lines.flatMap(x => x.split(" "))

//Now, we will count these words by applying a using map()
//map() helps in applying a given function to each element in an RDD.
val pairs = words.map(word => (word, 1))

//Further we will aggregate the value of each key by using/ applying
  the given function.
val wordCounts = pairs.reduceByKey(_ + _)
```

```
    printValues(wordCounts,streamCtx)
    //Most important statement which will initiate the Streaming Context
    streamCtx.start();
    //Wait till the execution is completed.
    streamCtx.awaitTermination();

}

/**
 * Simple Print function, for printing all elements of RDD
 */
def printValues(stream:DStream[(String,Int)],streamCtx:
StreamingContext){
  stream.foreachRDD(foreachFunc)
  def foreachFunc = (rdd: RDD[(String,Int)]) => {
    val array = rdd.collect()
    println("---------Start Printing Results----------")
    for(res<-array){
      println(res)
    }
    println("---------Finished Printing Results--------")
  }
}
```

至此，完成了第一个 Spark Streaming 作业的代码编写。这次工作也相当简单直接。它从流生成器接收一些随机文字内容，并且简单计数单一字词的出现频率，最终在驱动控制台上打印出同样的计数内容。之后将很快执行此工作，在此之前先转到下一部分，将用 Java 编写相同的作业。

 请按照代码中提供的注释来理解业务逻辑和其他操作。本章和全书均使用同样的注释风格。

9.2.3 用 Java 编写 Spark Streaming 作业

执行以下步骤用 Java 编写第一个 Spark Streaming 作业：

（1）在 Spark-Examples 项目中创建一个名为 chapter.nine.JavaFirstSparkStreamingJob.java 的新 Java 类。

（2）编辑 JavaFirstSparkStreamingJob.java 并添加以下代码：

```java
package chapter.nine;

import java.util.Arrays;
import org.apache.spark.*;
import org.apache.spark.api.java.function.*;
import org.apache.spark.storage.StorageLevel;
import org.apache.spark.streaming.*;
import org.apache.spark.streaming.api.java.*;

import scala.Tuple2;

public class JavaFirstSparkStreamingJob {

public static void main(String[] args) {

System.out.println("Creating Spark Configuration");
  // Create an Object of Spark Configuration
    SparkConf conf = new SparkConf();
// Set the logical and user defined Name of this Application
conf.setAppName("Our First Spark Streaming Application in Java");
System.out.println("Retrieving Streaming Context from Spark Conf");
// Retrieving Streaming Context from SparkConf Object.
// Second parameter is the time interval at which streaming
//data will be divided into batches
    JavaStreamingContext streamCtx = new JavaStreamingContext(conf,
        Durations.seconds(2));

// Define the type of Stream. Here we are using TCP Socket
```

```java
//as text stream
// It will keep watching for the incoming data from a
//specific machine
// (localhost) and port (provided as argument)
// Once the data is retrieved it will be saved in the
//memory and in case memory
// is not sufficient, then it will store it on the Disk.
// It will further read the Data and convert it into DStream
    JavaReceiverInputDStream<String> lines = streamCtx.socketTextStream(
        "localhost", Integer.parseInt(args[0]),
        StorageLevel.MEMORY_AND_DISK_SER_2());

// Apply the x.split() function to all elements of
// JavaReceiverInputDStream
// which will further generate multiple new records from
// each record in Source Stream
// And then use flatmap to consolidate all records and
//create a new JavaDStream
JavaDStream<String> words = lines
        .flatMap(new FlatMapFunction<String, String>() {
          @Override
          public Iterable<String> call(String x) {
            return Arrays.asList(x.split(" "));
          }
        });


// Now, we will count these words by applying a using mapToPair()
// mapToPair() helps in applying a given function to each element
// in an RDD
// And further will return the Scala Tuple with
//"word" as key and value as "count".
    JavaPairDStream<String, Integer> pairs = words
        .mapToPair(new PairFunction<String, String, Integer>() { @Override
public Tuple2<String, Integer> call(String s)
        throws Exception {
        return new Tuple2<String, Integer>(s, 1);
      }
    });
```

```
// Further we will aggregate the value of each key by //using/ applying
    the given function.
    JavaPairDStream<String, Integer> wordCounts = pairs
        .reduceByKey(new Function2<Integer, Integer, Integer>() {
@Override
public Integer call(Integer i1, Integer i2)
        throws Exception {
        return i1 + i2;
    }
});

// Lastly we will print First 10 Words.
// We can also implement custom print method for printing all values,
// as we did in Scala example.
wordCounts.print(10);
// Most important statement which will initiate the Streaming Context
streamCtx.start();
// Wait till the execution is completed.
streamCtx.awaitTermination();

    }
}
```

至此，完成了用 Java 编写的第一个 Spark Streaming 作业。它仍执行与 Scala 作业相同的功能，从 Stream 生成器接收一些随机文字内容，只计数单一字词的出现频率，最后在驱动控制台上打印结果。继续前进，通过执行第一个流式作业来理解代码作用。

9.2.4 执行 Spark Streaming 作业

在本节中，将执行/启动第一个流式作业并分析控制台上的输出。执行以下步骤来启动第一个 Spark Streaming 作业：

（1）编译 Eclipse 项目 Spark-Examples 并将其以名为 spark-examples.jar 的 JAR 文件从 Eclipse 中导出。

（2）打开控制台并从导出 Spark-Examples 项目的位置执行以下命令：

```
java -classpath spark-examples.jar chapter.nine.StreamProducer 9047
```

流生成器已在运行，并等待客户端在 9047 端口连接。

（3）假设 Spark 集群已启动并运行，打开一个新的控制台并执行以下命令启动 Spark Streaming Scala 作业：

```
$ SPARK_HOME/bin/spark-submit --class chapter.nine.
ScalaFirstSparkStreamingJob --master spark://ip-10-155-38-161:7077
spark-examples.jar 9047
```

（4）要执行 Spark Streaming Java 作业，请执行以下命令：

```
$ SPARK_HOME/bin/spark-submit --class chapter.nine.
JavaFirstSparkStreamingJob --master spark://ip-10-155-38-161:7077
spark-examples.jar 9047
```

至此，大功告成了！是不是很有趣、简单、直接？

现在，无论在流生成器的控制台上输入什么内容，均将被发送到 Spark Streaming 作业，该作业将进一步计数字词，并将在驱动控制台中打印出来。图 9.2 显示了流生成器所产生的输出。

```
sumit@localhost $ java -classpath spark-examples.jar chapter.nine.StreamProducer 9047
Defining new Socket on 9047
Waiting for Incoming Connection on - 9047
Hello from our First Spark Streaming Job in ScalaConnection Received
waiting for user to input some data

Data received and now writing it to Socket
waiting for user to input some data
```

图 9.2

图 9.3 所示的屏幕截图显示了流作业生成的输出，它从流生成器接收输入，然后在控制台上计算和打印不同的单词。

```
sumit@localhost $ $SPARK_HOME/bin/spark-submit --class chapter.nine.ScalaFirstSparkStreamingJob --master spark://ip-10-155-38-161:7077 spark-examples.jar 9047
Creating Spark Configuration
Retreiving Streaming Context from Spark Conf
15/12/06 10:41:27 WARN NativeCodeLoader: Unable to load native-hadoop library for your platform... using builtin-java classes where applicable
15/12/06 10:41:29 WARN MetricsSystem: using default name DAGScheduler for source because spark.app.id is not set.
----------Start Printing Results----------
(Hello,1)
(First,1)
(our,1)
(Scala,1)
(Streaming,1)
(from,1)
(Spark,1)
(in,1)
(Job,1)
----------Finished Printing Results----------
----------Start Printing Results----------
----------Finished Printing Results----------
----------Start Printing Results----------
----------Finished Printing Results----------
----------Start Printing Results----------
----------Finished Printing Results----------
```

图 9.3

在本节中，编写并执行了 Scala 和 Java 中的第一个 Spark Streaming 作业。继续前进，扩展芝加哥犯罪示例，并通过集成 Spark Streaming 和 Spark SQL 来执行一些实时分析。

9.3 实时查询流数据

在本节中,将扩展前面的芝加哥犯罪示例,并使用 Spark SQL 对流式犯罪数据执行一些实时分析。

所有 Spark 的扩展均是对 Spark 核心架构组件 RDD 进行扩展。现在无论是 Spark Streaming 中的 DStreasm 还是 Spark SQL 中的 DataFrame,都可以彼此互相操作。可以轻松地将 DStream 转换为 DataFrame,反之亦然。下面继续了解 Spark Streaming 和 Spark SQL 的集成架构。此外,还将于其中实现相同的功能,并开发用于实时查询流数据的应用程序。将此作业称为 SQL Streaming 犯罪分析器。

9.3.1 作业的高级架构

此处的 SQL Streaming 犯罪分析器的高级架构基本上包括以下三个组件。

- **Crime 生产者**:这是一个从文件中随机读取犯罪记录并将数据推送到套接字的生产者。在第 5 章"熟悉 Kinesis"的"创建 Kinesis 流生产者"部分中下载和配置的犯罪记录文件与这里的相同。
- **Stream 消费者**:从套接字读取数据并将其转换为 RDD。
- **Stream 到 DataFrame 转换器**:这里消耗 Stream 消费者提供的 RDD,并使用动态模式映射进一步将其转换为 DataFrame。

一旦有了 DataFrame,就可以执行常规 Spark SQL 操作。图 9.4 表示整个用例实现情况下三个组件间的交互。

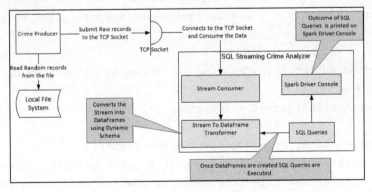

图 9.4

继续前进，在下一节编写 SQL Streaming 犯罪分析器。

9.3.2 编写 Crime 生产者

执行以下步骤来编写 Crime 生产者程序，它将从预定义的文件中读取 Crime（犯罪记录），并将数据提交到套接字：

（1）打开并编辑 Spark-Examples 项目，添加一个名为 chapter.nine.CrimeProducer.java 的新 Java 文件。

（2）编辑 CrimeProducer.java 并在其中添加以下代码：

```java
package chapter.nine;
import java.io.*;
import java.net.*;
import java.util.Random;

public class CrimeProducer {

  public static void main(String[] args) {

    if (args == null || args.length < 1) {
      System.out
          .println("Usage - java chapter.nine.StreamProducer <port#>");
      System.exit(0);
    }
    System.out.println("Defining new Socket on " + args[0]);
    try (ServerSocket soc = new ServerSocket(Integer. parseInt(args[0]))) 
    {

      System.out.println("Waiting for Incoming Connection on - "
          + args[0]);
      Socket clientSocket = soc.accept();

      System.out.println("Connection Received");
      OutputStream outputStream = clientSocket.getOutputStream();
      // Path of the file from where we need to read crime records.
      String filePath = "/home/ec2-user/softwares/crime-data/ Crimes_-
```

```
        Aug-2015.csv";
        PrintWriter out = new PrintWriter(outputStream, true);
        BufferedReader brReader = new BufferedReader(new FileReader(
            filePath));
        // Defining Random number to read different number of records each
        // time.
        Random number = new Random();
        // Keep Reading the data in a Infinite loop and send it over to the
        // Socket.
        while (true) {
          System.out.println("Reading Crime Records");
          StringBuilder dataBuilder = new StringBuilder();
          // Getting new Random Integer between 0 and 60
          int recordsToRead = number.nextInt(60);

          System.out.println("Records to Read = " + recordsToRead);
          for (int i = 0; i < recordsToRead; i++) {
            String dataLine = brReader.readLine() + "\n";
            dataBuilder.append(dataLine);
          }
          System.out
              .println("Data received and now writing it to Socket");
          out.println(dataBuilder);
          out.flush();
          // Sleep for 6 Seconds before reading again
          Thread.sleep(6000);

        }

    } catch (Exception e) {
      e.printStackTrace();
    }

  }
}
```

至此，Crime 生产者大功告成。继续开发 Stream 消费者和转换器，然后将部署和执行所有组件并在 Spark 驱动控制台上分析结果。

9.3.3 编写 Stream 消费者和转换器

执行以下步骤使用 Scala 编写 Stream 消费者和转换器代码：

（1）打开并编辑 Spark-Examples 项目，添加一个新的 Scala 对象——chapter.nine. SQLStreamingCrimeAnalyzer.scala。

（2）编辑 SQLStreamingCrimeAnalyzer.scala 并添加以下代码：

```scala
package chapter.nine
import org.apache.spark._
import org.apache.spark.streaming._
import org.apache.spark.sql._
import org.apache.spark.storage.StorageLevel._
import org.apache.spark.rdd._
import org.apache.spark.streaming.dstream._

object SQLStreamingCrimeAnalyzer {

  def main(args: Array[String]) {
    val conf = new SparkConf()
    conf.setAppName("Our SQL Streaming Crime Analyzer in Scala")
    val streamCtx = new StreamingContext(conf, Seconds(6))
val lines = streamCtx.socketTextStream("localhost", args(0).toInt, MEMORY_AND_DISK_SER_2)

    lines.foreachRDD {
      x =>
//Splitting, flattening and finally filtering to exclude any Empty Rows
      val rawCrimeRDD = x.map(_.split("\n")).flatMap { x => x }.filter { x => x.length()>2 }
      println("Data Received = "+rawCrimeRDD.collect().length)
      //Splitting again for each Distinct value in the Row
      val splitCrimeRDD = rawCrimeRDD.map { x => x.split(",") }
      //Finally mapping/ creating/ populating the Crime Object with the values
```

```
val crimeRDD = splitCrimeRDD.map(c => Crime(c(0),c(1),c(2),c(3),c(4),c(5),
c(6)))
//Getting instance of SQLContext and also importing implicits for
dynamically creating Data Frames
    val sqlCtx = getInstance(streamCtx.sparkContext)
    import sqlCtx.implicits._
    //Converting RDD to DataFrame
    val dataFrame = crimeRDD.toDF()
    //Perform few operations on DataFrames
    println("Number of Rows in Table = "+dataFrame.count())
    println("Printing All Rows")
    dataFrame.show(dataFrame.count().toInt)
    //Now Printing Crimes Grouped by "Primary Type"
    println("Printing Crimes, Grouped by Primary Type")
    dataFrame.groupBy("primaryType").count().sort($"count".
    desc).show(5)
    //Now registering it as Table and Invoking few SQL Operations
    val tableName ="ChicagoCrimeData"+System.nanoTime()
    dataFrame.registerTempTable(tableName)
    invokeSQLOperation(streamCtx.sparkContext,tableName)
  }
  streamCtx.start();
  streamCtx.awaitTermination();
}

def invokeSQLOperation(sparkCtx:SparkContext,tableName:String){
  println("Now executing SQL Queries. ....")
  val sqlCtx = getInstance(sparkCtx)
  println("Printing the Schema...")
  sqlCtx.sql("describe "+tableName).collect().foreach { println }
  println("Printing Total Number of records. ....")
  sqlCtx.sql("select count(1) from "+tableName).collect().foreach
  { println }

}
```

```
//Defining Singleton SQLContext variable
@transient private var instance: SQLContext = null
//Lazy initialization of SQL Context
def getInstance(sparkContext: SparkContext): SQLContext =
  synchronized {
    if (instance == null) {
      instance = new SQLContext(sparkContext)
    }
    instance
  }
}

// Define the schema using a case class.
  case    class    Crime(id:    String,   caseNumber:String,   date:String,
block:String, IUCR:String, primaryType:String, desc:String)
```

至此，Stream 消费者和转换器已大功告成。继续前进，执行生产者、消费者和转换器并分析结果。

9.3.4　执行 SQL Streaming Crime 分析器

执行以下步骤来执行 SQL Streaming Crime 分析器：

（1）假设 Spark 集群已启动并正在运行，请将 Eclipse 项目导出为 spark-examples.jar。

（2）第一个任务是启动 Crime 生产者，为此打开一个新的 Linux 控制台，并在导出 spark-examples.jar 的同一个位置执行以下命令：

```
java -classpath spark-examples.jar chapter.nine.CrimeProducer 9047
```

CrimeProducer 后的参数是端口号（在本例中为 9047），生产者将在此端口上打开一个新的 TCP 套接字，用于侦听要接收数据的客户端。一旦执行命令，在它开始读取和提交 Crime 数据之前，生产者将等待传入的连接。

（3）打开一个新的 Linux 控制台，并在导出 spark-examples.jar 的同一位置执行以下命令：

```
$SPARK_HOME/bin/spark-submit --class chapter.nine.
SQLStreamingCrimeAnalyzer --master spark: //ip-10-234-208-221: 7077
spark-examples.jar 9047
```

仍在 spark-submit 命令的最后一个参数中提供了端口号。此端口号应与执行 CrimeProducer 时所提供的端口号相同（在本例中为 9047）。此处的作业将连接到所提供的端口，并开始接收生产者提供的数据。

至此，大功告成了！是不是很棒？

这里程序执行的结果将类似于图 9.5 所示。

```
sumit@localhost $ java -classpath spark-examples.jar chapter. nine .CrimeProducer 9047
Defining new Socket on 9047
Waiting for Incoming Connection on - 9047
Connection Received
Reading Crime Records
Records to Read = 7
Data received and now writing it to Socket
Reading Crime Records
Records to Read = 18
Data received and now writing it to Socket
```

图 9.5

图 9.5 的屏幕截图显示了在控制台上产生的输出。它显示 Crime 生产者读取和提交的记录数。

图 9.6 的屏幕截图显示了 Spark 驱动控制台上的消费者和转换器所产生的输出。它显示了 Spark SQL 执行的分析结果。

```
sumit@localhost $ $SPARK_HOME/bin/spark-submit --class chapter. nine .SQLStreamingCrimeAnalyzer --master spark://ip-10-234-208-221:7077 spark-examples.jar 9047
Creating Spark Configuration
Retreiving Streaming Context from Spark Conf
15/12/09 10:43:42 WARN NativeCodeLoader: Unable to load native-hadoop library for your platform... using builtin-java classes where applicable
15/12/09 10:43:44 WARN MetricsSystem: Using default name DAGScheduler for source because spark.app.id is not set.
Data Received = 7
Number of Rows in Table = 7
Printing All Rows
+--------+----------+--------------------+--------------------+----+-----------------+--------------------+
|      id|caseNumber|                date|               block|IUCR|      primaryType|                desc|
+--------+----------+--------------------+--------------------+----+-----------------+--------------------+
|      ID|Case Number|               Date|               Block|IUCR|     Primary Type|         Description|
|10217189|  HY404004|08/31/2015 12:00:...|  051XX W ADDISON ST|1320|  CRIMINAL DAMAGE|          TO VEHICLE|
|10217252|  HY403984|08/31/2015 12:00:...|083XX S MARYLAND AVE|041A|          BATTERY|AGGRAVATED: HANDGUN|
|10217276|  HY403985|08/31/2015 12:00:...|093XX S LAFAYETTE...|031A|          ROBBERY|      ARMED: HANDGUN|
|10218505|  HY404795|08/31/2015 12:00:...|078XX S CONSTANCE...|1310|  CRIMINAL DAMAGE|         TO PROPERTY|
|10218642|  HY405268|08/31/2015 12:00:...|   014XX W OLIVE AVE|1360|CRIMINAL TRESPASS|          TO VEHICLE|
|10217212|  HY404049|08/30/2015 11:52:...|  060XX S ASHLAND AVE|1811|        NARCOTICS|POSS: CANNABIS 30...|
+--------+----------+--------------------+--------------------+----+-----------------+--------------------+

Printing Crimes, Grouped by Primary Type
+---------------+-----+
|    primaryType|count|
+---------------+-----+
|CRIMINAL DAMAGE|    2|
|        BATTERY|    1|
|   Primary Type|    1|
|        ROBBERY|    1|
|      NARCOTICS|    1|
+---------------+-----+
only showing top 5 rows

Now executing SQL Queries.....
Printing the Schema...
[id,string,]
[caseNumber,string,]
[date,string,]
[block,string,]
[IUCR,string,]
[primaryType,string,]
[desc,string,]
Printing Total Number of records.....
[7]
```

图 9.6

在本节中讨论了 Spark Streaming 和 Spark SQL 这两种不同 Spark 扩展的集成，还开发并执行了近实时接收数据的 Spark Streaming 作业，然后进一步利用 Spark SQL 对流数据执行分析。

继续前进看看 Spark Streaming 部署和监控方面的情况。

9.4 部署和监测

在本节中将讨论部署和监测 Spark Streaming 应用程序的各种方法。部署和监测是一个大的话题,当讨论分布式部署和监测时它变得尤为复杂。讨论 Spark 部署的所有方面已超出了本书的范围,不过将涉及部署和监测的各个方面,这会有助于熟悉 Spark 和 Spark Streaming 提供的各种功能及灵活性。

9.4.1 用于 Spark Streaming 的集群管理器

Spark 是一个不强制要求任何应用服务器或部署堆栈的框架,提供了对单机、Yarn 或 Mesos 等分布式集群管理器的支持,可以在这些不同的集群管理器上集成和部署基于 Spark 和 Spark 的应用程序。在第 6 章"熟悉 Spark"中"配置 Spark 集群"部分已看到过单机上的部署。继续前进,在 Yarn 和 Apache Mesos 上部署流应用程序。

1. 在 Yarn 上执行 Spark Streaming 应用

Yarn 或 Hadoop 2.0 是一个通用目的集群计算框架,负责分配和管理执行各种应用程序所需的资源,引入了三个新的守护进程服务: ResourceManager(RM)、NodeManager(NM) 和 ApplicationMaster(AM)。这些新服务共同负责管理集群资源、独立节点和应用程序。

 有关 Yarn 架构的更多信息,请参阅 http://hadoop.apache.org/docs/current/hadoop-yarn/hadoop-yarn-site/YARN.html。

执行以下步骤在 Yarn 上部署 Spark Streaming 应用程序:
(1)第一步是设置和配置 Yarn。Yarn 可以设置为如下两种不同的模式。
- 单节点设置:按照 http://tinyurl.com/zpz45vw 提供的步骤/说明在单个节点上配置所有 Yarn 服务。
- 集群设置:按照 http://tinyurl.com/zejnjtb 提供的步骤/说明设置集群模式中的 Yarn。

(2)一旦 Yarn 设置启动并运行于任一给定的模式,即可通过在 Linux 控制台上执行以下命令来提交或执行任何 Spark Streaming 应用程序:

```
$SPARK_HOME/bin/spark-submit --class chapter.nine.
SQLStreamingCrimeAnalyzer --master yarn-client spark-examples.jar 9047
```

也可以使用这样的命令：

```
$SPARK_HOME/bin/spark-submit --class chapter.nine.
SQLStreamingCrimeAnalyzer --master yarn-cluster spark-examples.jar 9047
```

至此，完成了 Spark Streaming 应用的执行。

上面两个命令间的唯一区别是，前者利用 yarn-client 使 Spark 驱动程序能够在执行了 spark-submit 命令的同一台机器上执行，而后者则利用了 yarn-cluster 在 Yarn 集群中执行 spark 驱动程序，如此保障了 Spark 驱动程序的 HA、故障转移和可靠性。有关在 Yarn 上部署 Spark Streaming 应用程序的更多信息，请参阅 https://spark.apache.org/ docs/1.5.1/running-on-yarn.html。

确保 HADOOP_CONF_DIR 变量已作为环境变量配置，并且指向包含 Hadoop 配置文件的目录，通常位于 HADOOP_HOME/etc/hadoop。

2. 在 Apache Mesos 上执行 Spark Streaming 应用

Apache Mesos（http://mesos.apache.org/）是一个集群管理器，可以为各种分布式应用程序或框架提供有效的资源隔离和共享。它可以在动态共享池的节点中运行 Hadoop、MPI、Hypertable、Spark 等框架。Spark 和 Mesos 彼此相关，不过它们并不相同。其渊源要追溯到 2009 年，当时在伯克利实验室已经有了关于在 Mesos 之上开发框架的讨论和想法，于是促成了 Spark 的诞生。当时意图展示在 Mesos 上开发和部署的易用性，与此同时还有支持如机器学习及提供即席查询等交互式和迭代计算的目的。

通过抽象出 CPU 或内存这样的物理和虚拟资源并维护节点池，Mesos 提供了计算资源的容错和弹性分布。如今更进一步，可根据应用的每次需求/请求来分配适当的资源。继续前进，在 Apache Mesos 上部署 Spark Streaming 应用程序。

执行以下步骤在 Apache Mesos 上部署 Spark Streaming 应用程序：

（1）按照 http://mesos.apache.org/documentation/latest/getting-started/提供的说明设置和配置 Apache Mesos。

（2）一旦集群启动并运行，可以从 http://<hostnname>:5050 浏览 Mesos UI，配置一些环境变量。在 Linux 控制台上执行以下命令：

```
export MESOS_HOME =<Path of mesos installation dir >
export MESOS_NATIVE_JAVA_LIBRARY=<Path of ibmesos.so >
```

默认情况下，libmesos.so 可以在 usr/local/lib/libmesos.so 找到，如果在默认位置找不到，可以在<MESOS_HOME>/build/src/.libs/libmesos.so 找到它。

（3）配置一个新的环境变量 spark.executor.uri。此变量的值将是通过 http://、hdfs://（Hadoop）或 s3://（http://aws.amazon.com/s3/上的 Amazon S3）来访问 Spark 二进制文件的位置。该变量是 Mesos 所必需的，支持从节点获取执行 Spark 作业所要求的 Spark 二进制文件。为简单起见，可以使用 http://再配上 Spark 网站的 URL。编辑<SPARK_HOME>/conf/spark-defaults.conf 文件并添加以下变量：

```
spark.executor.uri= http://d3kbcqa49mib13.cloudfront.net/spark-
1.5.1-bin-hadoop2.4.tgz
```

在实际应用系统中，建议在 HDFS 中上传 Spark 二进制文件，该文件应该在与 Mesos 从节点相同的网络/子网中。

至此，完成了 Spark Streaming 应用的执行。现在 Mesos 集群被配置为执行 Spark 作业。可以打开一个新的 Linux 控制台并执行以下命令将 Spark Streaming 作业提交到 Mesos 集群：

```
$SPARK_HOME/bin/spark-submit --class chapter.nine.
SQLStreamingCrimeAnalyzer --master mesos:// <master-host>:5050
spark-examples.jar 9047
```

一旦执行了前面的命令，将在控制台上看到日志输出，同时 Mesos 主 UI 也将显示作业的工作状态。

有关在 Mesos 上部署 Spark Streaming 应用程序的更多信息，请参阅 https://spark.apache.org/docs/1.5.1/running-on-mesos.html。

本节中讨论了在各种集群计算框架（如 Yarn 和 Apache Mesos）中部署 Spark Streaming 应用程序所涉及的步骤。下一节将讨论 Spark Streaming 应用程序的监测。

9.4.2 监测 Spark Streaming 应用程序

监测分布式和流式应用是一项复杂的任务。讨论监测的所有方面超出了本书范围，不过应该了解可用于监测 Spark 和 Spark Streaming 应用程序的各种方法。

没有一个单一框架可以满足企业系统的所有监测要求，这就是企业部署多个监测系统的原因，即以便于应用每个可用和已部署监测工具的最佳特性。

Spark 揭示了工作运行或完成时的各类指标，可以非常好地将它们捕获和公开给用户。Spark 采用了 Coda Hale 度量库（https://github.com/dropwizard/metrics）并提供了一个灵活、可扩展和可配置的度量系统。该库还有助于与 Nagios、Graphite、Ganglia、JMX

等其他监测工具集成。Spark 还公开了用于监视各种运行和已完成作业的 REST API。

正在运行应用程序和已完成应用程序的 JSON 数据均可通过网址访问，其中从 http://<server-url>:18080/api/v1 访问已完成的作业、从 http://<server-url>:4040/api/v1 访问正在运行应用程序。

 请参阅 http://spark.apache.org/docs/1.5.1/monitoring.html 以获得有关监测 Spark 和 Spark Streaming 应用程序的更多信息。

在本节中，讨论了部署和监测 Spark Streaming 应用程序的各个方面。

Spark 是一个广泛的话题，这里仅是略窥门径。如果对 Spark Streaming 深感兴趣，正在将其用于工作或计划将其用于工作，那么建议继续学习 Spark Streaming 的本质和内在细节。有关内容包含在 Packt Publishing 出版，Sumit Gupta 所著的 *Learning Real-time Processing with Spark Streaming*（《学习用 Spark Streaming 进行实时处理》）一书中（https://www.packtpub.com/big-data-and-business-intelligence/learning-real-time-processing-spark-streaming）。

9.5 本章小结

在本章中，讨论了 Spark Streaming 的各个方面。讨论了 Spark Streaming 的架构、组件和封装结构，还编码和执行了第一个 Spark Streaming 应用程序，也使用 Spark Streaming 和 Spark SQL 对芝加哥犯罪数据进行了实时分析。

在下一章中将讨论 Lambda 架构，它为批处理和实时处理提供了一个统一的框架。

第 10 章　介绍 Lambda 架构

为满足批处理和实时数据处理需求，多数企业已在统一系统方面走过了漫漫长路。展开来说，就是需要一个分布式、可扩展、高可用性和容错的大数据企业系统，它不但是实时数据系统，而且能够从批处理中提供统一的观点/见解。虽然架构师/开发人员已经开发了分立式系统，即批处理和实时用例是分别开发和各自部署的，可是将它们以统一观点呈现给用户是一项真正的挑战。对于统一观点目标本身的认识就是一种挑战。在一些已使用传统架构模式的场合实现时，整个系统会变得太过复杂，在某些情况下甚至使整个系统几乎无法管理。

直面挑战，为满足企业要为批量和实时数据组提供统一观点的需求，Nathan Marz 在 2012 年末引入了一种新的架构范例，称为 Lambda 架构（http://lambda-architecture.net/）。

在本章中，将讨论 Lambda 架构及其各个组件，还将讨论它的各项功能和 Lambda 架构有关的技术。

本章将讨论以下主题：

- 什么是 Lambda 架构
- Lambda 架构的技术矩阵
- Lambda 架构的实现

10.1　什么是 Lambda 架构

在本节中将讨论 Lambda 架构的各种功能和组件。先来看看 Lambda 架构的需求，然后将深入其他方面。

10.1.1　Lambda 架构的需求

Lambda 背后的驱动力是由 MapReduce 范式引入的延迟。Hadoop 或 MapReduce 达到了分布式和可扩展批处理系统的实现意图，不过事实上所创建的批处理视图创建自陈旧和过时的数据（至少 3 小时）。虽然在一些情况下可以接收数据每天到达一次或两次，但此种数据到达频次对实时更新的用例来说是不可接受的，因为可能会导致整体计算显著差异的产生。

下一个显而易见的问题是:为什么不能在系统运行过程中飞速计算和重新计算一切数据?

只有当系统拥有无限的 CPU、内存和网络速度时才能做到这一点,现实情况中显然无法满足如此条件。因此,需要权衡处理,并选择实时处理相对批处理间所需的恰当数据量。

Lambda 架构引入了一个新的架构范式来解决此类需求,使最终用户能够查看数据的分析或计算,可查看历史数据和作为单个视图或实体近实时到达的数据。Lambda 架构是基于统一架构原理开发的,可以解决批处理和近实时数据处理的需求。

Lambda 架构利用批处理层提供准确和全面的视图,同时保持如延迟、吞吐量和容错各种非功能需求之间的平衡,并且利用实时或流功能来消耗近实时更新,最终组合或连接批处理和实时视图,为最终用户提供单一视图。

Lambda 架构更接近于一个规范,提供了一个通用方法来实现任意数据集上的任意函数,最终以低延迟返回其结果。要注意的重点在于,由于 Lambda 架构是一个规范,所以没有指派任何特定技术以实现批处理或实时视图。Lambda 架构定义了架构范式和一致性方法来选择技术,将它们连接在一起以满足用户的要求。

后面将很快讨论 Lambda 架构的架构/层/组件,但在此之前先快速讨论 Lambda 架构的各种功能。

- ❏ 可扩展性:可扩展性是 Lambda 架构的主要需求/委托之一,意味着为日益增长的系统用户服务,同时不用对底层架构或代码进行任何修改。可以通过向现有机器中添加如 CPU、内存、磁盘等更多资源来实现,这种方式通常被称为垂直可扩展性(向上扩展)。也可以通过向现有集群添加更多数量的机器来实现,这种方式通常被称为水平可扩展性(横向扩展)。Lambda 架构应支持垂直和水平可扩展性,但后者一直应是首选。Lambda 架构中的每一个层次,无论是实时还是批处理层,都应该能够不停止或暂停现有集群,仅通过向集群添加更多节点来处理额外数据量的数据。

 有关可扩展性的更多信息,请参阅 https://en.wikipedia.org/wiki/Scalability。

- ❏ 故障适应性:容错或对系统故障的恢复是 Lambda 架构的另一个内在特性。虽然系统的状态和行为取决于故障的类型,但是系统必须妥善处理故障,并以缩减或降低的质量来继续提供其功能所能达到的最佳响应。容错设计或架构确保在某些系统组件发生故障的情况下,整个系统不会关闭。此时整个系统仍然可以响应，不过有少数受影响的组件出现容量降低或质量降低的情况。例如在 20～30 个节点的集群中，有 4～5 个节点出于某种原因（例如硬件故障）故障的情况下，不应该导致整个集群宕机。因为是在降低的容量下工作，系统响应可能较慢，也可能影响整体 SLA，但是系统仍然是可以响应的。容错是要求高可用性的系统中一个备受追捧的特征，这进一步要求在整个系统设计里要包括或开发诸如冗余和复制的功能，使得系统不会有任何单点故障（SPOF）。

 有关容错的更多信息，请参阅 https://en.wikipedia.org/wiki/Fault_tolerance。

- ❑ 低延迟：延迟是任何系统消耗、处理新事件并最终产生结果所需要的时间。虽然随着系统间和用例间的差异而各有不同，但是延迟的任何变化（增加或减少）都会影响到速度层，因为这里负责实时消耗和处理事件。几毫秒或几秒的延迟都可能是无法接受的，需要被认真对待。Lambda 架构的目标是提供低延迟、近实时的层，其可以在几毫秒内消耗和处理输入。
- ❑ 可扩展性：软件系统需要有足够的灵活性，既能纳入新出的或修改的需求，又不需要重构或更改整个软件系统。Lambda 架构已经在批处理和实时层隔离开的类似原理上被开发，使得每一层中的任何增强都不会影响到整个系统或降低其效率。

 有关可扩展性的更多信息，请参阅 https://en.wikipedia.org/wiki/Extensibility。

- ❑ 维护：维护软件系统所需的成本和工作量是另一个重点关注方面。架构师/开发人员总是喜欢开发和部署一个不太复杂、易于维护的软件系统。Lambda 架构正擅长于此，它将批处理和实时处理的复杂性分开为各自单独的层，这不仅有助于在任一层（批处理或实时）中增添新的需求，与此同时也保障一层中的变化对另一层影响最小化或没有影响。

继续前进，讨论 Lambda 架构的架构/组件/层。

10.1.2　Lambda 架构的层/组件

在本节中，将讨论 Lambda 架构的各个层/组件。

Lambda 架构的规范定义了一系列互相连接或松散耦合的层/组件，其中每层被赋予具体的责任。Lambda 架构专注于处理各种大数据问题声明，这可能涉及数据量、速度和多样性三个维度（https://en.wikipedia.org/wiki/Big_data#Definition）。

在高级层次，Lambda 规范定义了主要的层/组件以及每个组件之间的集成，如图 10.1 所示。

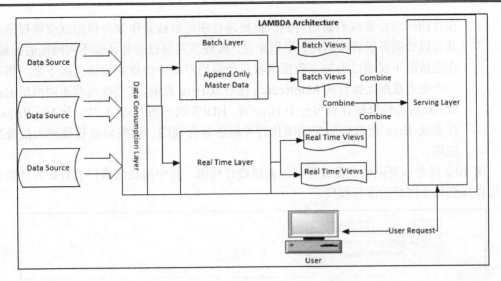

图 10.1

图 10.1 定义了 Lambda 架构里特定的高级架构/层/组件。

下面继续讨论 Lambda 架构定义的每个组件角色和职责。

- 数据源（Data Source）：这里指的是外部数据源，委托其在数据到达时传递数据。数据源可以依照各类模型来传递数据，可以利用 MQ、Web 服务、目录/文件（以定期的时间间隔轮询新数据）、直接数据库，甚至于原始基于套接字等模型作为数据传递机制。在大多数情况下，数据传递机制不在控制范围内，因为它们由传递并提供数据访问的供应方来定义。所以，在这一层上可实现的功能有限，不过可以开发数据消费层来隐藏自不同来源访问数据的复杂性和只消耗特定格式的数据。

- 数据消费层（Data Consumption Layer）：这一层负责封装从不同数据源获取数据的复杂性，然后将其转换为可由批处理或实时层进一步使用的标准格式。一旦将数据转换为标准消费格式，就可以将其推送到批处理和实时数据层进行进一步处理。

- 批处理层（Batch Layer）：这是 Lambda 架构最重要的组件之一。批处理层从数据消费层接收/获取数据，并进一步将其持久化到用户定义的数据结构中，数据结构非可变，同时数据在不断丰富中。简而言之，批处理层维护着主数据，其结构从不改变，同时只允许追加方式增长。诸如 Hadoop/HDFS 之类的系统是创建主数据的典型示例，其结构非可变，即从不改变。批处理层还负责创建和维护批处理视图。批处理视图是这样一类数据结构/视图，其可由在主数据上以规律性的间隔计算或刷新而得到。批处理视图可以被看作聚合视图或变换视图，其可以被服务层直接消耗。举例来说，要处理网络日志并计算不同网址的数量。在此情况下仅通过追加主数据来收录所有用户命中的原始记录。接下来，将有一个在主数据上执行的 MapReduce 作业或 Hive 查询，它查找每类不同网址的计数，最后将结果保存到另一个 Hive 表、HDFS 或一些 NoSQL 中。此 MapReduce 作业或 Hive 查询按固定间隔执行并刷新聚合视图。这些聚合视图称为批处理视图。

图 10.2 结合示例说明了批处理层的高级设计构思，其中捕获网络日志数据并且聚合网址以找到每个网页的流行程度。

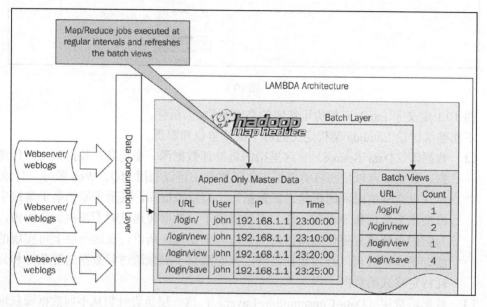

图 10.2

- 实时层（Real Time Layer）：这是 Lambda 架构中的另一个重要的关键层。批处理层大部分情况下能满足需求，可是它们在特定时段内会提供过时数据服务（直到系统刷新批处理视图）。由批处理视图引入的延迟量有可能是无法接受的，因为用例可能需要实时或近实时可用的数据。或许可以减少批处理视图的刷新间隔，但这样做可能会使问题恶化。待处理的数据量以 TB/PB 为单位，无论提供多少硬件用于计算，都肯定需要几个小时。实时层（也可称为速度层）解决了这一问题，即只存储可立即向用户提供的一组数据或数据子集。这样一来，它可以捕获的数据量取决于提供给本层的硬件（尤其是内存）和批处理视图的刷新间隔。其工作方式是，实时层将消耗和持久化增量数据集，这些行为只在批处理视图呈现陈旧数据的时间间隔内发生。一旦批处理视图被刷新，实时层将删除旧数据并重新开始处理。扩展一下网络日志示例，并假设批处理视图每 15 分钟重新生成一次。如此一来，实时层将仅存储和处理最近 15 分钟的数据。实质上实时层将处理最近 15 分钟的数据并生成实时视图，实时视图在几毫秒内或在接收数据同时被刷新。实时层通常使用如 Storm 或 Spark 这样的全内存系统来设计和开发。

图 10.3 结合示例说明了针对实时层的高级设计，其中捕获网络日志数据并且聚合网址以找到每个网页的流行程度。在系统/集群内存中捕获数据，并且立即生成视图，所生成的视图仅针对最近 15 分钟内接收的数据。

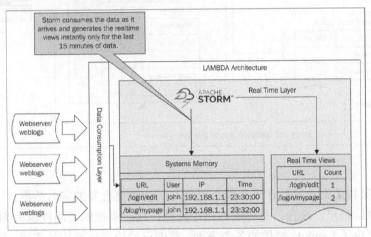

图 10.3

- 服务层（Serving Layer）：这是完整 Lambda 架构中的最后一层。服务层的职责是获取和组合来自批处理和实时层的数据，并且向用户提供组合视图。扩展一下前面的示例，服务层将组合来自批处理和实时层的网络日志的聚合视图，将它们持久化到分布式数据库中以用于进一步查询，并且将它们以单个视图呈现给用户。

图 10.4 结合示例里聚合视图被提取、合并及最终呈现给用户的过程说明了服务层的高级设计。最终或合并后的视图可以存储在如 HBase 这样一些分布式数据库或 NoSQL 中，其能够提供近实时响应，或者可以直接快速合并批处理和实时处理视图并呈现给用户。在选择持久化保存的情况下，服务层中以规律性的间隔刷新数据，也可以使用某种通知机制来通知服务层。

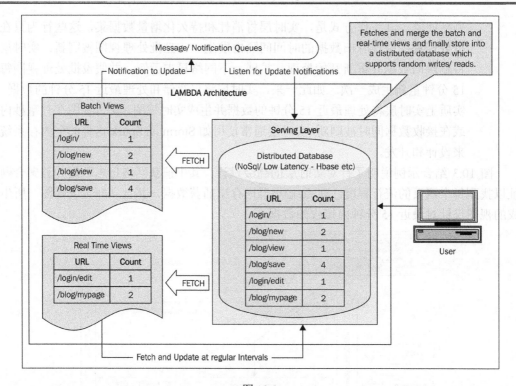

图 10.4

Lambda 架构的真正好处在于其能够呈现与历史数据合并的实时数据,并且将结果以单一视图呈现给用户。现在,总体延迟已经降低,同时系统的可用性也大为增加。

在本节讨论了 Lambda 架构的各个方面。前面已讨论了该架构的需求,同时还用适当的示例讨论了 Lambda 架构的各个层次。

继续进入下一节,将讨论用于 Lambda 架构开发的各种技术。

10.2 Lambda 架构的技术矩阵

在本节中,将讨论可用于开发 Lambda 架构中各层的多种技术选项。

Lambda 架构讨论过四个不同的层,每一层都有各自的功能和目的。下面看看可用于开发这些 Lambda 架构层的各种技术。

数据消费层是整个架构中的第一层。按名字看来它似乎是最简单的层,但现实中该层需要处理很多复杂性。在数据消费层的开发或技术选择中,需要留意如下挑战。

- 高可用性：这里应具有高可用性，并且应确保在主节点、从节点或点对点架构中的工作。应该杜绝可以停止消息消耗的单点故障。
- 容错：非常重要的一点是具有容错能力。一旦消息被消耗，它就不应在任何情况下丢失。这里可以利用各种方法来实现容错，例如复制、持久化保存到某些数据库、预写日志（WAL）等。
- 可靠性：消息被消耗后，系统必须可靠传递消息。例如，这里可以选择采用事务途径来保证消息传递。无论采用哪一种途径，都应该清楚说明而且在传递语义方面保持一致，所采用途径可以是如下之一。
  - 最多一次：处理/传递消息一次或根本不处理消息。
  - 至少一次：处理/传递消息一次或多次。
  - 正好一次：仅处理/传递邮件一次，既不少也不多于一次。
- 高性能：这里应该能够在几分钟甚至几秒钟内处理数百万条消息。它将以分布式模式工作，并可扩展以处理额外负载，同时不需对现有软件进行任何更改。
- 可扩展性和灵活性：系统应足够灵活、可扩展，以便可添加新数据源或修改默认功能以适应业务需求。

考虑到上述各方面，有多种技术可以应用于数据消耗，比如 Apache Flume（https://flume.apache.org）、Apache Sqoop（http://sqoop.apache.org/）、Logstash（https://www.elastic.co/products/logstash），或者像 Apache Kafka（http://kafka.apache.org/）还有 RabbitMQ（https://www.rabbitmq.com/）之类的消息传递技术。

大数据的处理委托批处理层进行。数据量庞大无法由单个机器消耗和处理，所以需要考虑实现分布式计算范式（https://en.wikipedia.org/wiki/Distributed_computing）的技术框架。Apache Hadoop 和 MapReduce 作为最受欢迎的批处理框架是显而易见的选择，不过还有一些如 Apache Spark、Hive、Apache Pig 和 Cascading 的其他选择可以用来创建批处理层。请参阅 http://tinyurl.com/z63dpv5 以快速比较所有可用的批处理技术。

速度层或实时层被委托在几毫秒或几秒间近实时地消耗和处理事件。速度层必须在数据到达时处理和消耗数据，这些操作都在系统内存内完成而不是将数据转储到本地磁盘。因此，需要考虑实现分布式内存数据处理范式的技术框架。在第 3 章 "用 Storm 处理数据" 讨论了 Storm，还在第 9 章 "用 Spark Streaming 分析流数据" 介绍了分布式全内存数据处理范式 Spark Streaming，不过还有 Apache Samza、Apache S4 和 Spring XD 这样一些选择可用来创建速度层。请参阅 http://tinyurl.com/o46tfsr 以快速比较所有可用的近实时框架技术。

服务层负责提取批处理和实时视图，并合并和持久化到分布式和高性能高效数据库中，该数据库能够以非常快的速度处理随机读取和写入。有 HBase 等各种 NoSQL 数据库可用于处理随机读取和写入。请参阅 http://tinyurl.com/znlblfo 以快速比较可用于持久化由服务层合并数据的各种低延迟 NoSQL 数据库。

图 10.5 显示了 Lambda 架构的完整生态系统以及每个层可用的各种技术选项。

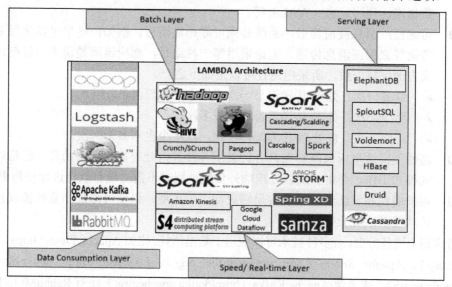

图 10.5

在本节中，讨论了可用于开发 Lambda 架构的每个层的各种技术选项。下面继续使用芝加哥犯罪数据集实现 Lambda 架构。

10.3 Lambda 架构的实现

在本节中将扩展芝加哥犯罪用例来设计和编写 Spark 中 Lambda 架构的不同层。

扩展芝加哥犯罪数据集，假设芝加哥犯罪数据是近实时交付的。接下来，自定义消费者将消耗数据，并且需要找出每个犯罪类别的犯罪数量。虽然在大多数情况下，用户仅需要对近实时接收的数据块进行数据分组，然而在少数应用情况下还需要对历史数据进行聚合。

这样扩展后已近似 Lambda 用例。

首先分析整个架构的所有组件，然后将描述 Lambda 架构的每个组件的代码和执行情况。

10.3.1 高级架构

在本节中将讨论应用 Lambda 架构为基础来开发芝加哥犯罪用例的高级架构。

下面将利用 Spark Streaming 和 Spark 批处理以及 Cassandra 来实现 Lambda 架构,用户可以参照 10.2 节中定义的技术矩阵自由使用其中的任何技术。

图 10.6 显示了开发芝加哥犯罪数据集用例所用 Lambda 架构的高级架构及其中各种组件。

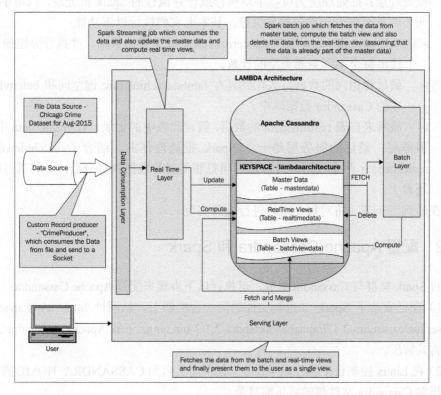

图 10.6

继续讨论其中每个组件的作用。

- 数据源和自定义生产者:数据源与第 5 章中"创建 Kinesis 流生产者"部分使用的芝加哥犯罪数据集相同。将这个数据集放在文件系统上的特定位置。自定义生产者将定期从该文件中读取少量记录,并将其发送到套接字以供进一步使用。

❑ 实时层：实时层为 Spark Streaming 作业，监听由自定义生产者打开的套接字，并执行两项功能。
  ➤ 将原始记录提交/保存到数据库中，此示例里数据库为具有 lambdaarchitecture 键空间和 masterdata 表的 Cassandra。
  ➤ 执行分组操作，只从所接收的记录块中找到每个不同犯罪类型的计数，并最终持久化到数据库中，即具有 lambdaarchitecture 键空间和 realtimedata 表的 Cassandra 数据库。此表将包含套接字流接收的每个批次的聚合数据。
❑ 批处理层：批处理层为可以手动执行或计划执行的 Spark 批处理，以每小时、每两小时甚至每天一次的频率执行。基本上它们执行以下功能：
  ➤ 从 Cassandra 数据库的 masterdata 表获取完整的数据，并执行分组操作，以找出每个不同犯罪类型的计数。
  ➤ 最后将相同的数据持久化到具有 lambdaarchitecture 键空间和 batchviewdata 表的 Cassandra 数据库中。
  ➤ 截断来自表 realtimedata 的数据，假设此表中的记录已在 masterdata 中更新。
❑ 服务层：最后的服务层是一个 Spark 批处理作业，结合了 batchviewdata 和 realtimedata 两个视图，对每种不同犯罪类型的数据执行分组，并将其打印在控制台上。

现在转到下一节，将对每个组件进行编码实现。

10.3.2 配置 Apache Cassandra 和 Spark

要将 Spark 集群与 Cassandra 集成，可执行以下步骤来配置 Apache Cassandra：

（1）在已安装了 Spark 二进制文件的同一台机器上，从网址 http://www.apache.org/dyn/closer.lua/cassandra/2.1.7/apache-cassandra-2.1.7-bin.tar.gz 下载 Apache Cassandra 2.1.7 文件包并将其解压。

（2）在 Linux 控制台上执行以下命令，其中定义名为 CASSANDRA_HOME 的环境变量，它指向 Cassandra 文件包的解压缩目录：

```
export CASSANDRA_HOME = <location of the extracted Archive>
```

（3）在同一控制台上执行以下命令，使用默认配置调出 Cassandra 数据库：

```
$CASSANDRA_HOME/bin/Cassandra
```

上述命令将调出 Cassandra 数据库，现已准备为用户请求提供服务，不过就绪之前还需要创建用于存储数据的键空间和表。

（4）打开新的 Linux 控制台并执行以下命令以打开 Cassandra 查询语言（CQL）控制台：

```
$CASSANDRA_HOME/bin/cqlsh
```

CQLSH 是命令行工具程序，提供类似 SQL 的语法来对 Cassandra 数据库执行 CRUD 操作。

（5）在 CQLSH 上执行以下 CQL 命令，以在 Cassandra 数据库中创建键空间和必需的表：

```
CREATE KEYSPACE lambdaarchitecture WITH replication = {'class':
'SimpleStrategy', 'replication_factor': 1 };

CREATE TABLE lambdaarchitecture.masterdata (
  id varchar,
  casenumber varchar,
  date varchar,
  block varchar,
  iucr varchar,
  primarytype varchar,
  description varchar,
  PRIMARY KEY (id)
);
CREATE TABLE lambdaarchitecture.realtimedata (
  id bigint,
  primaryType varchar,
  count int,
  PRIMARY KEY (id)
);

CREATE TABLE lambdaarchitecture.batchviewdata (
  primarytype varchar,
  count int,
  PRIMARY KEY (primarytype)
);
```

接下来将配置并集成 Spark 集群，以利用 Spark-Cassandra API 来执行 CRUD 操作：

（1）从 http://archive.apache.org/dist/spark/ spark-1.4.0/spark-1.4.0-bin-hadoop2.4.tgz 下载 Spark 1.4.0。

 Spark 1.5.0 的 Spark-Cassandra 连接器仍处于开发阶段，因此这里使用 Spark 1.4.0 的稳定版驱动程序和连接器。

（2）解压 Spark 二进制文件，将$ SPARK_HOME 环境变量指向解压二进制文件的目录：

```
export SPARK_HOME = <location of the Spark extracted Archive>
```

（3）下载以下 JAR 文件并将它们保存到$CASSANDRA_HOME / lib 目录中：

- Spark-Cassandra 连接器（http://repo1.maven.org/maven2/com/datastax/spark/spark-cassandra-connector_2.10/1.4.0/spark-cassandra-connector_2.10-1.4.0.jar）
- Cassandra 核心驱动程序（http://repo1.maven.org/maven2/com/datastax/cassandra/cassandra-driver-core/2.1.9/ cassandra-driver-core-2.1.9.jar）
- Spark-Cassandra 的 Java 库（http://repo1.maven.org/maven2/com/datastax/spark/spark-cassandra-connector-java_2.10/1.4.0/spark-cassandra-connector-java_2.10-1.4.0.jar）
- 其他相关 JAR 文件（http://central.maven.org/maven2/org/joda/joda-convert/1.2/joda-convert-1.2.jar）
- 其他相关 JAR 文件（http://central.maven.org/maven2/joda-time/joda-time/2.3/joda-time-2.3.jar）
- 其他相关 JAR 文件（http://central.maven.org/maven2/com/twitter/jsr166e/1.1.0/jsr166e-1.1.0.jar）

（4）打开并编辑$SPARK_HOME/conf/spark-default.conf 文件，然后定义如下的环境变量：

```
spark.driver.extraClassPath=$CASSANDRA_HOME/lib/apache-cassandra-2.1.7.jar:$CASSANDRA_HOME/lib/apache-cassandra-clientutil-2.1.7.jar:$CASSANDRA_HOME/lib/apache-cassandra-thrift-2.1.7.jar:$CASSANDRA_HOME/lib/cassandra-driver-internal-only-2.5.1.zip:$CASSANDRA_HOME/lib/thrift-server-0.3.7.jar:$CASSANDRA_HOME/lib/guava-16.0.jar:$CASSANDRA_HOME/lib/joda-convert-1.2.jar:$CASSANDRA_HOME/lib/joda-time-2.3.jar:$CASSANDRA_HOME/lib/jsr166e-1.1.0.jar:$CASSANDRA_HOME/lib/spark-cassandra-connector_2.10-1.4.0.jar;$CASSANDRA_HOME/lib/spark-cassandra-connector-java_2.10-1.4.0.jar;$CASSANDRA_HOME/lib
```

```
/cassandra-driver-core-2.1.9.jar
    spark.executor.extraClassPath=$CASSANDRA_HOME/lib/apache-cassandra-2.1.7
.jar:$CASSANDRA_HOME/lib/apache-cassandra-clientutil-2.1.7.jar:$CASSANDRA_
HOME/lib/apache-cassandra-thrift-2.1.7.jar:$CASSANDRA_HOME/lib/cassandra-
driver-internal-only-2.5.1.zip:$CASSANDRA_HOME/lib/thrift-server-0.3.7.jar
:$CASSANDRA_HOME/lib/guava-16.0.jar:$CASSANDRA_HOME/lib/joda-convert-1.2.jar:
$CASSANDRA_HOME/lib/joda-time-2.3.jar:$CASSANDRA_HOME/lib/jsr166e-1.1.0.jar:
$CASSANDRA_HOME/lib/spark-cassandra-connector_2.10-1.4.0.jar;$CASSANDRA_
HOME/lib/spark-cassandra-connector-java_2.10-1.4.0.jar;$CASSANDRA_HOME/lib
/cassandra-driver-core-2.1.9.jar
    spark.cassandra.connection.host=localhost
```

将$CASSANDRA_HOME 替换为当前文件系统上的实际位置并保存配置文件。

（5）关闭 Spark 集群，并使用 Spark 1.4.0 二进制文件启动 master 和 worker 进程。

> 有关 Spark-Cassandra 连接器的更多信息，请参考 https://github.com/datastax/spark-cassandra-connector。

至此，Spark 和 Cassandra 的配置和集成已完成。现在转到下一节，对生产者和其他层/作业进行编码。

10.3.3 编写自定义生产者程序

执行以下步骤编写自定义生产者的 Java 程序：

（1）在 Eclipse 中打开 Spark-Examples 项目，并添加一个名为 chapter.ten.producer.CrimeProducer.java 的新包及类。

（2）编辑 CrimeProducer.java 并在其中添加以下代码片段：

```
package chapter.ten.producer;
import java.io.BufferedReader;
import java.io.FileReader;
import java.io.OutputStream;
import java.io.PrintWriter;
import java.net.ServerSocket;
import java.net.Socket;
import java.util.Random;
```

```java
public class CrimeProducer {

    public static void main(String[] args) {

        if (args == null || args.length < 1) { System.out.println("Usage - java chapter.ten.CrimeProducer <port#>");
            System.exit(0);
        }
System.out.println("Defining new Socket on " + args[0]); try (ServerSocket soc = new ServerSocket(Integer.parseInt(args[0]))) {

        System.out.println("Waiting for Incoming Connection on - "
                + args[0]);
        Socket clientSocket = soc.accept();
      System.out.println("Connection Received");
OutputStream outputStream = clientSocket.getOutputStream();
// Path of the file from where we need to read crime //records. String filePath = "/home/ec2-user/softwares/crime-data/Crimes_-Aug-2015.csv";
PrintWriter out = new PrintWriter(outputStream, true); BufferedReader brReader = new BufferedReader(new FileReader(filePath));
// Defining Random number to read different number of
//records each time.
    Random number = new Random();
// Keep Reading the data in a Infinite loop and send it
//over to the Socket.
        while (true) {
        System.out.println("Reading Crime Records");
        StringBuilder dataBuilder = new StringBuilder();
   // Getting new Random Integer between 0 and 20
     int recordsToRead = number.nextInt(20); System.out.println("Records to Read = " + recordsToRead);
        for (int i = 0; i < recordsToRead; i++) {
    String dataLine = brReader.readLine() + "\n";
            dataBuilder.append(dataLine);
        }
System.out.println("Data received and now writing it to Socket");
```

```
        out.println(dataBuilder);
        out.flush();
// Sleep for 20 Seconds before reading again
        Thread.sleep(20000);
          }
        } catch (Exception e) {
          e.printStackTrace();
        }}
    }
```

至此，实现了犯罪用例生产者的程序编写。

 请参照代码中提供的注释理解代码流程。相同的风格会在本章中继续使用。

10.3.4 编写实时层代码

执行以下步骤使用 Scala 语言对实时层进行编码：

（1）在 Eclipse 中打开 Spark-Examples 项目，并向其添加一个名为 chapter.ten.dataConsumption.LADataConsumptionJob.scala 的新 Scala 包和对象。

（2）LADataConsumptionJob 是 Spark Streaming 作业，它将侦听套接字并在数据到达时消耗数据。除了创建 StreamingContext 和利用 socketTextStream 来消耗数据，还将定义两个函数：一个用于在 Cassandra 中的主表（masterdata）中持久化/附加数据；另一个用于对相同的数据进行分组，以找出不同犯罪类型的计数和最终将其持续化到 Cassandra 的实时视图表（realtimedata）中。作为第一步，定义 persistInMaster()用于将原始数据持久化到主表中：

```
def persistInMaster(streamCtx:StreamingContext,lines:DStream[Stri ng]){

    //Define Keyspace
    val keyspaceName ="lambdaarchitecture"
    //Define Table for persisting Master records
    val csMasterTableName="masterdata"

    lines.foreachRDD {
      x =>
      //Splitting, flattening and finally filtering to exclude any Empty
```

```
                Rows
        val rawCrimeRDD = x.map(_.split("\n")).flatMap { x => x }.filter { x
 => x.length()>2 }
        println("Master Data Received = "+rawCrimeRDD.collect().length)

        //Splitting again for each Distinct value in the Row and creating Scala
           SEQ
        val splitCrimeRDD = rawCrimeRDD.map { x => x.split(",") }.map(c =>
        createSeq(c))
        println("Now creating Sequence Persisting")
        //Finally Flattening the results and persisting in the table.
        val crimeRDD = splitCrimeRDD.flatMap(f=>f)
        crimeRDD.saveToCassandra(keyspaceName, csMasterTableName, So
        meColumns("id","casenumber","date","block","iucr", "primarytype",
        "description"))
      }
    }
```

（3）前面的函数接受 RDD 字符串，并将其保存到 Cassandra 中的主表（masterdata）中。现在定义 generateRealTimeView()，它将聚合原始犯罪数据（RDD 字符串），并将其持久化到 Cassandra 实时表（realtimedata）中：

```
    def generateRealTimeView(streamCtx:StreamingContext,lines:DStream[String]){
        //Define Keyspace
        val keyspaceName ="lambdaarchitecture"
        //Define table to persisting process records
        val csRealTimeTableName="realtimedata"

        lines.foreachRDD {
          x =>
            //Splitting, flattening and finally filtering to exclude any Empty
               Rows
            val rawCrimeRDD = x.map(_.split("\n")).flatMap { x => x }.filter { x
             => x.length()>2 }
            println("Real Time Data Received = "+rawCrimeRDD.collect(). length)
            //Splitting again for each Distinct value in the Row
            val splitCrimeRDD = rawCrimeRDD.map { x => x.split(",") }
```

```scala
//Converting RDD of String to Objects [Crime]
val crimeRDD = splitCrimeRDD.map(c => Crime(c(0),
 c(1),c(2),c(3),c(4),c(5),c(6)))
 val sqlCtx = getInstance(streamCtx.sparkContext)
 //Using Dynamic Mapping for creating DF
import sqlCtx.implicits._
 //Converting RDD to DataFrame
val dataFrame = crimeRDD.toDF()
//Perform few operations on DataFrames
println("Number of Rows in Data Frame = "+dataFrame.count())

// Perform Group By Operation using Raw SQL
val rtViewFrame = dataFrame.groupBy("primarytype").count()
//Adding a new column to DF for PK
val finalRTViewFrame = rtViewFrame.withColumn("id", new
Column("count")+System.nanoTime)
//Printing the records which will be persisted in Cassandra
println("showing records which will be persisted into the realtime
view")
finalRTViewFrame.show(10)
 //Leveraging the DF.save for persisting/ Appending the complete
  DataFrame.
 finalRTViewFrame.write.format("org.apache.spark.sql. cassandra").
 options(Map( "table" -> "realtimedata", "keyspace" ->
 "lambdaarchitecture" )).mode(SaveMode.Append).save()
 }
}

//Defining Singleton SQLContext variable
@transient private var instance: SQLContext = null
//Lazy initialization of SQL Context
def getInstance(sparkContext: SparkContext): SQLContext =
  synchronized {
    if (instance == null) {
      instance = new SQLContext(sparkContext)
    }
```

```
        instance
    }
```

 有关功能的完整实现,请参阅本书配套的示例代码包。

10.3.5 编写批处理层代码

执行以下步骤使用 Scala 语言对批处理层进行编码:

(1) 在 Eclipse 中打开 Spark-Examples 项目,并添加一个名为 hapter.ten.batch.LAGenerateBatchViewJob.scala 的新 Scala 包和对象。

(2) LAGenerateBatchViewJob 是 Spark 批处理作业,简单来说,它从主表中获取数据,根据犯罪类型对记录进行分组,并将分组的记录保存在 Cassandra 的主视图表(batchviewdata)中。除了在主方法中定义 SparkContext 和 SparkConf 外,还将定义并调用名为 generateMasterView(SparkContext)的函数:

```
def generateMasterView(sparkCtx:SparkContext){
    //Define Keyspace
    val keyspaceName ="lambdaarchitecture"
    //Define Master (Append Only) Table
    val csMasterTableName="masterdata"
    //Define Real Time Table
    val csRealTimeTableName="realtimedata"
    //Define Table for persisting Batch View Data
    val csBatchViewTableName = "batchviewdata"

    // Get Instance of Spark SQL
    val sqlCtx = getInstance(sparkCtx)
    //Load the data from "masterdata" Table
    val df = sqlCtx.read.format("org.apache.spark.sql. cassandra")
    .options(Map( "table" -> "masterdata", "keyspace" ->
    "lambdaarchitecture" )).load()
    //Applying standard DataFrame function for
    //performing grouping of Crime Data by Primary Type.
    val batchView = df.groupBy("primarytype").count()
    //Persisting the grouped data into the Batch View Table
    batchView.write.format("org.apache.spark.sql.cassandra").
```

```
options(Map( "table" -> "batchviewdata", "keyspace" ->
"lambdaarchitecture" )).mode(SaveMode.Overwrite).save()

//Delete the Data from Real-Time Table as now it is
//already part of grouping done in previous steps
val csConnector = CassandraConnector.apply(sparkCtx.getConf)
val csSession = csConnector.openSession()
csSession.execute("TRUNCATE "+keyspaceName+"."+csRealTimeTableName)
csSession.close()
println("Data Persisted in the Batch View Table - lambdaarchitecture.
batchviewdata")
}


//Defining Singleton SQLContext variable
@transient private var instance: SQLContext = null
//Lazy initialization of SQL Context
def getInstance(sparkContext: SparkContext): SQLContext =
  synchronized {
    if (instance == null) {
      instance = new SQLContext(sparkContext)
    }
    instance
  }
```

 有关功能的完整实现，请参阅本书配套的示例代码包。

10.3.6　编写服务层代码

执行以下步骤，使用 Scala 语言对服务层进行编码：

（1）在 Eclipse 中打开 Spark-Examples 项目，并添加一个名为 chapter.ten.serving.LAServingJob.scala 的新 Scala 包和对象。

（2）LAServingJob 也是一个批处理作业，它从 Cassandra 的 batchviewdata 和 realtimedata 表中获取数据，并将它们分组以向消费者呈现最终记录。除了在主方法中定义的 SparkContext 和 SparkConf 外，还将定义并调用一个名为 generatefinalView

(Spark Context)的函数：

```scala
def generatefinalView(sparkCtx:SparkContext){
    //Define Keyspace
    val keyspaceName ="lambdaarchitecture"
    //Define Master (Append Only) Table
    val csRealTimeTableName="realtimedata"
    //Define Table for persisting Batch View Data
    val csBatchViewTableName = "batchviewdata"

    // Get Instance of Spark SQL
    val sqlCtx = getInstance(sparkCtx)
    //Load the data from "batchviewdata" Table
    val batchDf = sqlCtx.read.format("org.apache.spark.sql. cassandra")
     .options(Map( "table" -> "batchviewdata", "keyspace" ->
     "lambdaarchitecture" )).load()

    //Load the data from "realtimedata" Table
    val realtimeDF = sqlCtx.read.format("org.apache.spark.sql.
    cassandra")
 .options(Map( "table" -> "realtimedata", "keyspace" ->
 "lambdaarchitecture" )).load()

//Select only Primary Type and Count from Real Time View
    val seRealtimeDF = realtimeDF.select("primarytype", "count")

    //Merge/ Union both ("batchviewdata" and "realtimedata") and
    //produce/ print the final Output on Console
    println("Final View after merging Batch and Real-Time Views")
    val finalView = batchDf.unionAll(seRealtimeDF).
    groupBy("primarytype").sum("count")
    finalView.show(20)
 }
```

至此，Lambda 架构的所有层次编码已经完成。现在转到下一部分，将逐一执行所有层程序并查看结果。

 进行编译时请确保已将必要依赖项添加到 Eclipse 项目中，这些依赖项为 Cassandra 和 Spark-Cassandra 驱动程序所提供。

10.3.7 执行所有层代码

执行以下步骤来执行所有服务：

（1）首先将 Spark-Examples 项目导出为 spark-examples.jar 并将其保存在一个目录中。将此目录以<LA-HOME>表示。

（2）启动犯罪用例生产者程序。打开新的 Linux 控制台并从<LA-HOME>执行以下命令：

```
java -classpath spark-examples.jar  chapter.ten.producer.
CrimeProducer 9047
```

（3）继续启动实时作业，以实现填充主表的同时填充实时视图。为此打开一个新的控制台，切换到<LA-HOME>，并执行以下命令来启动实时作业：

```
$SPARK_HOME/bin/spark-submit --class chapter.ten.dataConsumption.
LADataConsumptionJob --master spark://ip-10-149-132-99:7077
spark-examples.jar 9047
```

（4）前述命令一旦执行，masterdata 和 realtimedata 两个 Cassandra 表将被填充。为了浏览数据，可以打开一个新的 Linux 控制台并执行以下命令：

```
$CASSANDRA_HOME/bin/cqlsh
Select * from lambdaarchitecture.masterdata;
```

这时输出如图 10.7 所示。

图 10.7

图 10.7 显示了 Cassandra 中主表的输出。也可以在同一个 CQLSH 窗口中执行"Select * from lambdaarchitecture.realtimedata;"来查看实时表中的数据。

(5)创建批处理层并执行批处理作业 LAGenerateBatchViewJob。这里的批处理作业是可以安排定期执行的手动作业,不过为了简单起见,可以在新的 Linux 控制台上执行以下命令:

```
$SPARK_HOME/bin/spark-submit --class chapter.ten.batch.
LAGenerateBatchViewJob --master spark://ip-10-149-132-99:7077
spark-examples.jar
```

一旦执行前面的命令,Cassandra 中的 batchviewdata 表将填充最新数据。可以在 CQLSH 窗口执行 "Select * from lambdaarchitecture.batchviewdata;" 来浏览数据。

图 10.8 显示了 batchviewdata 表中所聚合的犯罪数据。

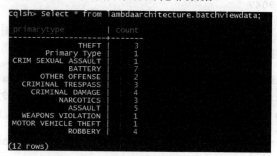

图 10.8

(6)启动名为 LAServingJob 的服务层,它应用户请求执行。此作业将合并批处理和实时视图,并以单个输出视图呈现。可以打开一个新的 Linux 控制台并执行以下命令:

```
$SPARK_HOME/bin/spark-submit --class chapter.ten.serving.
LAServingJob --master spark://ip-10-149-132-99:7077 spark-examples.jar
```

一旦执行上述命令,将产生 batchviewdata 和 realtimedata 包含数据的合并视图,并输出到控制台,结果类似于图 10.9 所示。

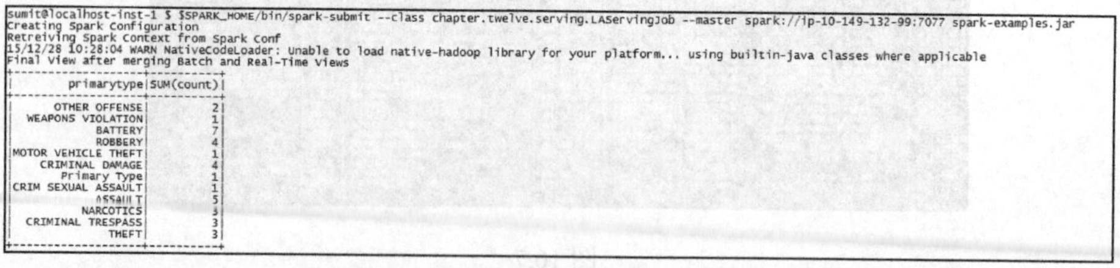

图 10.9

至此,完成了 Lambda 架构的所有层执行。

前面已经讨论了 Lambda 架构的整体概念和目标，这些只是刚刚触及了冰山一角。根据 Lambda 原理开发的架构可以更复杂、更具启发性，相关讨论和问题解决颇为有趣，不过那些内容没有包含在本书章节的范围内。

在本节中使用 Spark 和 Cassandra 实现了 Lambda 架构。应用 Spark Streaming 和 Spark 批处理开发了 Lambda 架构的所有层，并且利用和集成 Apache Cassandra 与 Spark 来持久化数据。

如有任何关于 Lambda 架构的疑问或用例问题，请发送电子邮件至 sumit1001@gmail.com，本书作者将与读者一起解决探索。

10.4　本章小结

在本章中讨论了 Lambda 架构的各个方面。

讨论了 Lambda 架构的各个层/组件所执行的角色，还利用 Spark 和 Cassandra 来设计、开发和执行了 Lambda 架构的所有层。